この1冊で一気におさらい！

小中学校9年分の算数・数学がわかる本

小杉拓也

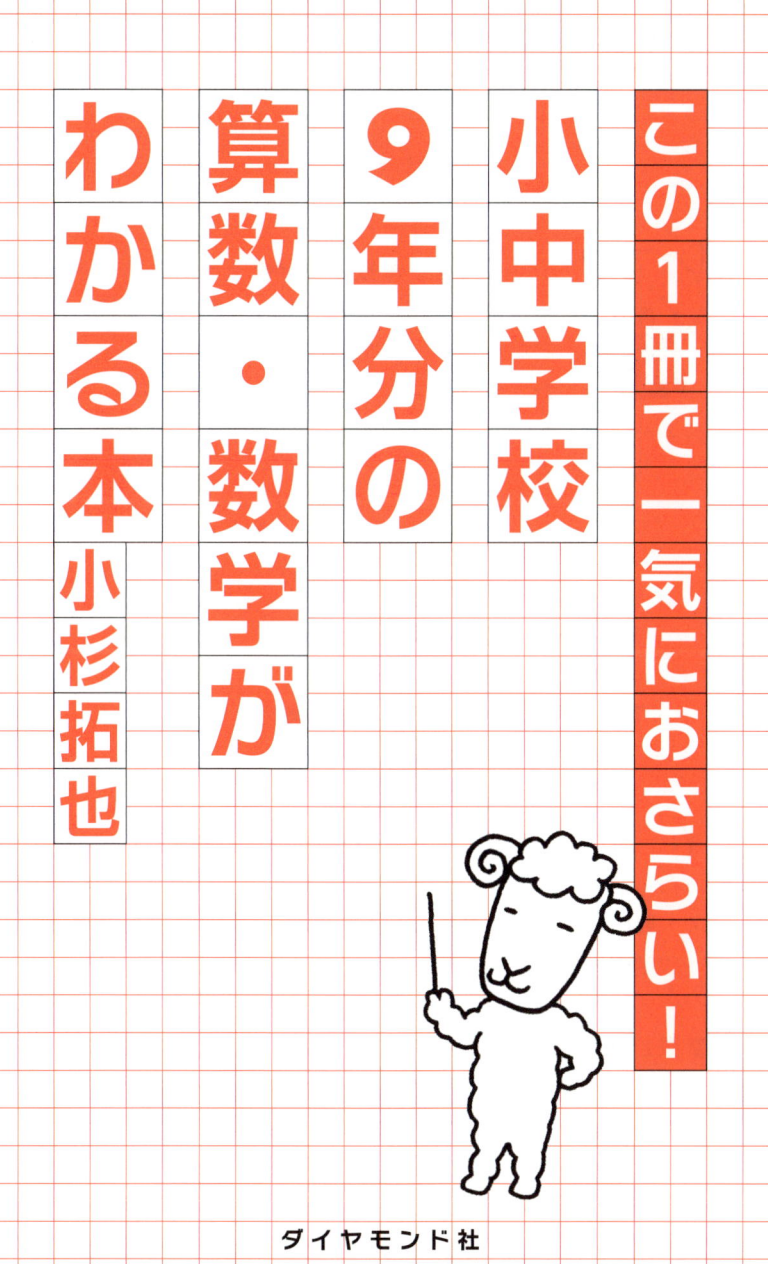

ダイヤモンド社

# はじめに

### この本を使った、おすすめの学び方

小学校で習う算数と中学校で習う数学をざっとまとめて学びたいあなた、もう一度復習したいあなた、そんなあなたに向けてこの本を書きました。今、小・中学生のみなさんはもちろん、算数・数学を復習したい高校生や大学生の方、大人の方まで幅広く読んでいただける1冊です。

> こんな方におすすめ！
> ・算数と数学を復習予習して得意にしたい**小・中学生**
> ・算数と数学を復習、やり直したい**高校生、大学生、大人の方**
> ・算数と数学をお子さんにうまく教えたい**保護者の方**
> ・算数と数学の基礎の力を身につけたい方

算数、数学というとなにか難しく、とっつきにくいイメージをお持ちかもしれませんが、そんなことはありません。それぞれの分野のポイントをおさえて、リズム良く学習していけば算数や数学の力はのびていきます。

算数と数学をリズム良く学習できるように、この本では**すべての項目を見開き2ページでまとめました**。ページをめくるごとに新しい項目になるので、リズム良くトントンと学習していけるでしょう。

「算数と数学をざっと学びたい」という方は、この本のはじめから終わりまでまず、ざっと読んでもらうことをおすすめします。いつのまにか忘れていた算数や数学の知識を思い出しながら復習することができるでしょう。

「算数と数学をじっくり学びたい」方には、次の学び方をおすすめします。まず、それぞれの項目の解説を読み、例題を見て、その例題をどのように解くのか解説を読んでください。例題をどのように解くのかわかったら、練習問題に挑戦してみましょう。解説や解答をかくして、ノートなどに解いてみることをおすすめします。練習問題が一発で解ければ理解できているということなのでしめたものです。練習問題がもし解けなかったら、解説を読んで、どこで間違えたか理解し、時間をおいて解きなおしてみてください。

このような流れで学習していけば、効率よく算数と数学を学び、実力をつけていくことができるでしょう。さあ、ページを開き、
**算数と数学をリズム良く学んでいきましょう！**

志進ゼミナール　塾長　小杉　拓也

この1冊で一気におさらい！
# 小中学校9年分の算数・数学がわかる本 目次

はじめに・・・・・・・・・・・・・・・・・2

# PART1
# 小学校6年分の算数を
# おさらいしよう！

## 第1章 約数と倍数　10

約数・・・・・・・・・・・・・・・・10　　公約数と最大公約数・・・・・・・12
倍数・・・・・・・・・・・・・・・・14　　公倍数と最小公倍数・・・・・・・16

## 第2章 小数の計算　18

小数のたし算とひき算・・・・・18　　小数のかけ算・・・・・・・・・・・・20
小数のわり算・・・・・・・・・・・・22

## 第3章 分数の計算　24

約分と通分・・・・・・・・・・・・・24　　分数のたし算とひき算・・・・・26
分数のかけ算とわり算・・・・・28　　分数と小数の変換・・・・・・・・30

## 第4章 単位量あたりの大きさ　32

平均とは ・・・・・・・・・・・・・ 32　　単位量あたりの大きさ ・・・・・ 34
単位の換算 ・・・・・・・・・・・・ 36

## 第5章 平面図形　38

いろいろな四角形 ・・・・・・・・ 38　　いろいろな三角形 ・・・・・・・・ 40
四角形の面積 ・・・・・・・・・・・ 42　　三角形の面積 ・・・・・・・・・・・ 44
円周と円の面積 ・・・・・・・・・ 46　　拡大図と縮図 ・・・・・・・・・・・ 48

## 第6章 立体図形　50

直方体と立方体の体積 ・・・・・ 50　　角柱と円柱の体積 ・・・・・・・・ 52

## 第7章 割合　54

割合の3用法とは ・・・・・・・・ 54　　百分率とは ・・・・・・・・・・・・・ 56
歩合とは ・・・・・・・・・・・・・・ 58　　割合のグラフ ・・・・・・・・・・・ 60

## 第8章 比の性質　62

比の性質 ・・・・・・・・・・・・・・ 62　　比例式 ・・・・・・・・・・・・・・・・ 64

## 第9章 速さ　66

速さの表し方 ・・・・・・・・・・・ 66　　速さ、道のり、時間の関係 ・・ 68

## 第10章 場合の数　70

ならべ方（樹形図の利用）・・・ 70　　えらび方（組み合わせ方）・・・ 72

# PART2 中学校3年分の数学に挑戦!

## 第1章 正負の数 　　76

正負の数と絶対値・・・・・・・・ 76
正負の数のたし算とひき算・・・・・・・・・・・・・・・・・ 78
正負の数のかけ算とわり算・・・・・・・・・・・・・・・・・ 80
正負の数のかけ算とわり算だけの式・・・・・・・・・・・・・ 82
正負の数の四則のまじった計算・・・・・・・・・・・・・・・ 84
累乗とは・・・・・・・・・・・・・・・ 86

## 第2章 文字式 　　88

文字を使った積の表し方・・・ 88 　　文字を使った商の表し方・・・ 90
単項式と多項式・・・・・・・・・・ 92 　　次数・・・・・・・・・・・・・・・ 94
同類項をまとめる・・・・・・・・ 96 　　多項式のたし算とひき算・・・ 98
単項式×数、単項式÷数・・・ 100 　　多項式×数、多項式÷数・・・ 102
単項式×単項式、単項式÷単項式・・・・・・・・・・・・・・104
代入とは・・・・・・・・・・・・・・・ 106
公式 $(a+b)(c+d) = ac+ad+bc+bd$ ・・・・・・・・・・・・・・ 108
乗法公式・・・・・・・・・・・・・・・ 110

## 第3章 1次方程式 　　112

等式の性質と方程式・・・・・・ 112 　　方程式の解き方・・・・・・・・・・ 114
1次方程式の文章題(代金の合計)・・・・・・・・・・・・・・・・116
1次方程式の文章題(速さ)・・・・・・・・・・・・・・・・・・・・・118

## 第4章 連立方程式　120

連立方程式の解き方（加減法その1）・・・・・・・・・・・・・・・・・・・・・・・・・・120
連立方程式の解き方（加減法その2）・・・・・・・・・・・・・・・・・・・・・・・・・・122
連立方程式の解き方（代入法）・・・・・・・・・・・・・・・・・・・・・・・・・・・・・・・124
連立方程式の文章題（代金の合計）・・・・・・・・・・・・・・・・・・・・・・・・・・・126
連立方程式の文章題（速さ）・・・・・・・・・・・・・・・・・・・・・・・・・・・・・・・・・128

## 第5章 平方根　130

平方根とは(1)・・・・・・・・・・・・130　　平方根とは(2)・・・・・・・・・・・・132
素因数分解とは・・・・・・・・・・・134　　平方根のかけ算とわり算・・・136
$a\sqrt{b}$の形への変形・・・・・・・・138　　答えが$a\sqrt{b}$になるかけ算・・・140
分母を有理化する・・・・・・・・142　　平方根のたし算とひき算・・・144

## 第6章 因数分解　146

因数分解とは・・・・・・・・・・・・・・146
公式を利用する因数分解(1)・・・・・・・・・・・・・・・・・・・・・・・・・・・・・・・148
公式を利用する因数分解(2)・・・・・・・・・・・・・・・・・・・・・・・・・・・・・・・150

## 第7章 2次方程式　152

2次方程式の解き方(1)・・・・152　　2次方程式の解き方(2)・・・・154
2次方程式の文章題（数の問題）・・・・・・・・・・・・・・・・・・・・・・・・・・・・156
2次方程式の文章題（面積の問題）・・・・・・・・・・・・・・・・・・・・・・・・・・158

## 第8章 比例・反比例と1次関数　160

座標とは・・・・・・・・・・・・・・・・・・・160　　比例とそのグラフ・・・・・・・・162
反比例とそのグラフ・・・・・・・164　　1次関数とそのグラフ・・・・・・166

1次関数の式を求める(1)‥168　1次関数の式を求める(2)‥170
直線の交点の座標を求める‥‥‥‥‥‥‥‥‥‥‥‥‥‥‥172

## 第9章 関数 $y=ax^2$　174

関数 $y=ax^2$ とそのグラフ‥174　関数 $y=ax^2$ の変化の割合‥176

## 第10章 平面図形　178

おうぎ形の弧の長さと面積の求め方‥‥‥‥‥‥‥‥‥‥‥178
対頂角とは‥‥‥‥‥‥‥180　同位角とは‥‥‥‥‥‥‥182
錯角とは‥‥‥‥‥‥‥‥184　内角の和と外角の和‥‥‥186
三角形の3つの合同条件‥‥188
三角形の合同を証明する問題(1)‥‥‥‥‥‥‥‥‥‥‥‥190
三角形の合同を証明する問題(2)‥‥‥‥‥‥‥‥‥‥‥‥192
直角三角形の2つの合同条件‥‥‥‥‥‥‥‥‥‥‥‥‥‥194
円周角の定理‥‥‥‥‥‥196　三平方の定理‥‥‥‥‥‥198
相似な図形と相似比‥‥‥200　三角形の3つの相似条件‥‥202

## 第11章 空間図形　204

角柱と円柱の表面積‥‥‥204　角すいと円すいの体積‥‥206
角すいと円すいの表面積‥208　球の体積と表面積‥‥‥‥210

## 第12章 確率　212

確率とは‥‥‥‥‥‥‥‥212　2つのサイコロを投げる‥‥214

# PART 1
# 小学校6年分の算数を おさらいしよう！

小数や分数の計算はおぼえているかな？
割合や速さの計算など、
意外と手ごわい問題もある小学校の算数を
短い時間でサクッと復習しよう！

# 第1章 約数と倍数

## 約数

ある整数を割り切ることのできる整数を、その整数の**約数**といいます。

たとえば6の約数を調べてみましょう。6を割り切ることのできる数を探すと

$$6 \div \boxed{1} = 6$$
$$6 \div \boxed{2} = 3$$
$$6 \div \boxed{3} = 2$$
$$6 \div \boxed{6} = 1$$

6は1、2、3、6で割り切ることができます。これにより、**6の約数は1、2、3、6**であることがわかります。

---

**練習1** 18の約数のすべての和を求めなさい。

**解説と解答**

まずは18の約数をすべて探しましょう。18を割り切ることのできる数を探します。

$$18 \div \boxed{1} = 18 \qquad 18 \div \boxed{6} = 3$$
$$18 \div \boxed{2} = 9 \qquad 18 \div \boxed{9} = 2$$
$$18 \div \boxed{3} = 6 \qquad 18 \div \boxed{18} = 1$$

これにより、18の約数は1、2、3、6、9、18であることがわかりました。

> これらをすべてたすと
> 　　1＋2＋3＋6＋9＋18＝39
>
> 　　　　　　　　　　　　　　　答え　39

たとえば、5の約数は1と5だけです。また、7の約数は1と7だけです。5や7のように**1とその数自身しか約数がない数を素数といいます。**

言い換えると約数が2つだけの整数が素数であるということができます。**1は素数ではないので注意しましょう。**

たとえば、1から10までの中の素数は2、3、5、7の4つです。

| 練習2 | 1から30までに素数はいくつありますか。 |
|---|---|
| 解説と答え | 1から30までの素数は次の通りです。<br>2、3、5、7、11、13、17、19、23、29<br><br>　　　　　　　　　　　　　　　答え　10個 |

# 公約数と最大公約数

**2つ以上の整数に共通な約数を、それらの整数の公約数といいます。公約数のうち、もっとも大きい数を最大公約数といいます。**

たとえば、12と18の公約数を調べてみましょう。

12の約数は1、2、3、4、6、12です。
18の約数は1、2、3、6、9、18です。

12と18の共通の約数、つまり、12と18の公約数は1、2、3、6であることがわかります。

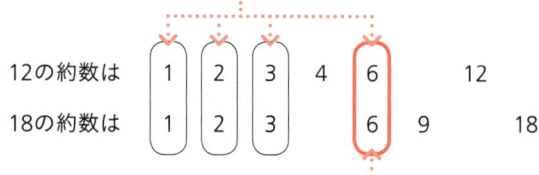

共通の約数が公約数

公約数の中で一番大きい数（この場合は6）を最大公約数といいます

上の図のように、**公約数のうち、もっとも大きい数を最大公約数**といいます。12と18の最大公約数は6です。

ベン図（数の集まりを図で表したもの）で表すと右のようになります。

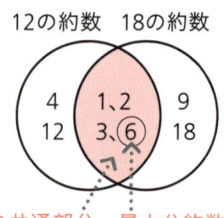

この共通部分　最大公約数
（1、2、3、6）が公約数

| 練習 | 1 |

❶ 下のベン図にあてはまる数字をすべて書きなさい。
❷ ベン図をもとに、20と50の公約数をすべて求めなさい。
❸ 20と50の最大公約数を求めなさい。

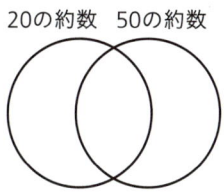

| 解説 | 亡 |
| 答 | 兄 |

❶ 20の約数は1、2、4、5、10、20です。
50の約数は1、2、5、10、25、50です。
これをベン図に書き込むと次のようになります。

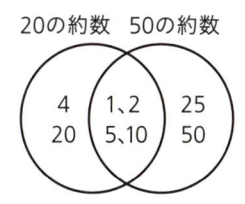

❷ ベン図から、20と50の公約数は1、2、5、10であることがわかります。

答え　1、2、5、10

❸ 公約数の1、2、5、10でもっとも大きい10が最大公約数です。

答え　10

# 倍数

ある整数の整数倍（1倍、2倍、3倍…）になっている整数を、その整数の**倍数**といいます。

たとえば、5を整数倍（1倍、2倍、3倍…）していくと次のようになります。

$$5, \quad 10, \quad 15, \quad 20, \quad 25 \cdots$$
$$5×1 \quad 5×2 \quad 5×3 \quad 5×4 \quad 5×5$$

これらの5、10、15、20、25…が5の倍数です。

| 練習 1 | 16の倍数を小さい順に3つ書きなさい。 |
|---|---|
| 解説と答え | 16を整数倍（1倍、2倍、3倍…）すると次のようになります。<br>16×1＝16<br>16×2＝32<br>16×3＝48<br>16の倍数は16、32、48…であることがわかります。小さい順に3つ書けばよいので、答えは16、32、48です。<br><br>　　　　　　　　　　　　　答え　16、32、48 |

| 練習 | 2 | 次の数の中から、9の倍数を見つけなさい。 |
|---|---|---|

175、3546、88、15674、842

| 解説 | と | |
|---|---|---|
| 答 | え | |

それぞれの数を9で割って割り切れたものが9の倍数です。

それぞれを9で割ると

$175 \div 9 = 19$ あまり $4$

$3546 \div 9 = 394$

$88 \div 9 = 9$ あまり $7$

$15674 \div 9 = 1741$ あまり $5$

$842 \div 9 = 93$ あまり $5$

以上により、9で割り切れる3546が9の倍数であることがわかります。

答え　3546

### 参考 倍数判定法

何の数の倍数か見分けるときに 練習2 のようにその都度、割り算をするのはけっこう大変ですね。その数が何の倍数かすぐに見分けることができる方法があります。それが倍数判定法です。

たとえば、練習2 の9の倍数は

**すべての位の和が9の倍数になるときそれは9の倍数になる**

という見分け方があります。

練習2 の答えの3546のすべての位をたすと
$3 + 5 + 4 + 6 = 18$で、18は9の倍数なので3546は9の倍数であるということができるのです。

# 公倍数と最小公倍数

2つ以上の整数に共通な倍数を、それらの整数の**公倍数**といいます。公倍数のうち、もっとも小さい数を**最小公倍数**といいます。

たとえば、3と4の公倍数を求めてみましょう。3の倍数と4の倍数は次の通りです。

3の倍数 3、6、9、12、15、18、21、24、27、30、33、36…
4の倍数 4、8、12、16、20、24、28、32、36…

3の倍数と4の倍数で共通な12、24、36…が3と4の公倍数です。

共通な倍数が公倍数

| 3の倍数 | 3 | 6 | 9 | 12 | 15 | 18 | 21 | 24 | 27 | 30 | 33 | 36 | … |
| 4の倍数 | | 4 | 8 | | 12 | | 16 | 20 | | 24 | | 28 | 32 | | 36 | … |

公倍数の中でもっとも小さい数（この場合は12）を最小公倍数といいます

上の図のように、**公倍数のうち、もっとも小さい数を最小公倍数**といいます。3と4の最小公倍数は12です。
ベン図で書くと右のようになります。

最小公倍数

3の倍数　　4の倍数

3、6、9
15、18
21、27
30、33…

12
24
36…

4、8
16、20
28、32…

この共通部分（12、24、36…）が公倍数

| 練習 | 1 |

❶ 6と15の公倍数を小さい順に2つ答えなさい。
❷ 6と15の最小公倍数を求めなさい。

| 解説 |
| 答え |

❶ 6の倍数は6、12、18、24、30、36、42、48、54、60…です。
15の倍数は15、30、45、60…
です。
これらの倍数で共通の公倍数は小さい順に30、60です。

ベン図で書くと次のようになります。

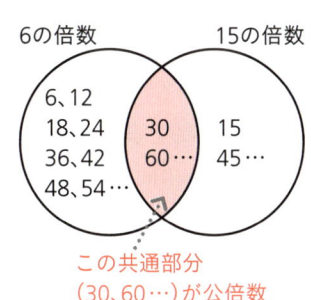

この共通部分
（30、60…）が公倍数

答え　30、60

❷ 6と15の公倍数のうち、もっとも小さい数は30なので、6と15の最小公倍数は30です。

答え　30

# 小数のたし算とひき算

小数のたし算とひき算は小数点の位置をそろえて、筆算で計算しましょう。

### 例1 小数のたし算

❶ 1.5 + 2.2 =
❷ 2.47 + 0.7 =

❶の解き方の順
・小数点をそろえて筆算を書く
・15 + 22 の筆算を解くのと同じように計算する
・小数点をおろして3と7の間に小数点を書き、3.7 とする

```
  1.5
+ 2.2
  3.7
```

❷の解き方の順
・小数点をそろえて筆算を書く
・0.7 は 0.70 とみて計算する
・247 + 70 の筆算を解くのと同じように計算する
・小数点をおろして3と1の間に小数点を書き、3.17 とする

```
  2.47
+ 0.70  ←…0をつける
  3.17
```

### 例2 小数のひき算

❶ 5.4 − 2.5 =
❷ 6.47 − 3.17 =
❸ 2.1 − 0.58 =

❶の解き方の順
・小数点をそろえて筆算を書く
・54 − 25 の筆算を解くのと同じように計算する
・小数点をおろして2と9の間に小数点を書き、2.9 とする

```
  5.4
− 2.5
  2.9
```

❷の解き方の順
・小数点をそろえて筆算を書く
・647－317の筆算を解くのと同じように計算する
・小数点をおろして3と3の間に小数点を書き、3.30とする
・小数第2位の0は消して<u>3.3</u>とする

```
  6.47
－3.17
  3.30 ←…0を消す
```

❸の解き方の順
・小数点をそろえて筆算を書く
・2.1は2.10とみて計算する
・210－58の筆算を解くのと同じように計算する
・小数点をおろして1と5の間に小数点を書き、<u>1.52</u>とする

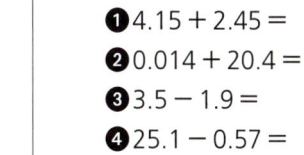

```
  2.10 ←…0をつける
－0.58
  1.52
```

| 練習 | 次の計算を解きなさい。 |
|---|---|
| | ❶ 4.15 ＋ 2.45 ＝ |
| | ❷ 0.014 ＋ 20.4 ＝ |
| | ❸ 3.5 － 1.9 ＝ |
| | ❹ 25.1 － 0.57 ＝ |

**解説と答え**

❶
```
  4.15
＋2.45
  6.60 ←…0を消す
```

❷ …小数点をそろえて計算する
```
  0.014
＋20.4
 20.414
```

❸
```
  3.5
－1.9
  1.6
```

❹
```
 25.10 ←…0をつける
－ 0.57
 24.53
```

答え ❶6.6 ❷20.414 ❸1.6 ❹24.53

# 小数のかけ算

 **小数×整数**と**整数×小数**は**筆算**で
**小数点をそのままおろして計算しましょう。**

---

**例 1** 小 数 × 整 数 、整 数 × 小 数

❶ 1.27 × 53 =　　❷ 75 × 3.5 =

❶の解説
- 小数点をとった127×53の筆算と同じように計算する
- 1.27の**小数点をそのままおろして**<u>67.31</u>とする。

```
   1.27
 ×  53
   381
  635
  67.31
```

❷の解説
- 小数点をとった75×35の筆算と同じように計算する
- 3.5の**小数点をそのままおろして**<u>262.5</u>とする。

```
     75
 ×  3.5
    375
   225
   262.5
```

---

 **小数×小数は、かける2つの小数の
小数点の右のケタの数をたしたものが
答えの小数点の右のケタの数になります。**

---

**例 2** 小 数 × 小 数

❶ 5.77 × 3.1 =　　❷ 9.15 × 0.86 =

❶の解説
- 小数点をとった577×31の筆算と同じように計算する
- 5.**77**の小数点の右のケタの数は**2ケタ**

3.1の小数点の右のケタの数は**1ケタ**
そのケタをたして**2＋1＝3ケタ**
・**答えの小数点の右のケタは3ケタになる**
ので、17887の17と887の間に小数点を打つ。
・答えは17.887となる。

```
    5.77 …2ケタ
  ×  3.1 …1ケタ
    577      たす
   1731
  17.887 ←3ケタ
    ↑
ココに小数点を打つ
```

**❷の解説**
・小数点をとった915×86の筆算と同じように計算する
・9.15の小数点の右のケタの数は**2ケタ**
0.86の小数点の右のケタの数は**2ケタ**
そのケタをたして**2＋2＝4ケタ**
・**答えの小数点の右のケタは4ケタになる**
ので、78690の7と8690の間に小数点を打つ。
・7.8690となり、小数第4位の0を消して答えは7.869となる。

```
    9.15 …2ケタ
  × 0.86 …2ケタ
   5490      たす
   7320   0を消す
   7.8690 ←4ケタ
    ↑
ココに小数点を打つ
```

| 練習 | 1 | 次の計算を解きなさい。 |

❶ 3.6 × 7 ＝　　❷ 18 × 12.5 ＝
❸ 5.6 × 7.2 ＝　❹ 2.65 × 6.8 ＝

| 解説 | |
| 答え | |

```
          ❷   18     ❸  5.6 …1ケタ   ❹  2.65 …2ケタ
            ×12.5       × 7.2 …1ケタ     × 6.8 …1ケタ
  ❶  3.6      90         112      たす    2120      たす
    × 7       36         392              1590   0を消す
    25.2      18         40.32 ←2ケタ     18.020 ←3ケタ
            225.0 ←0を消す
```

答え　❶25.2　❷225　❸40.32　❹18.02

# 小数のわり算

**小数÷整数**は、割られる小数の小数点と同じ位置に答えの小数点を打ちましょう。

### 例 1　小数 ÷ 整数

$47.68 \div 8 =$

- 小数点がない4768÷8を筆算するように計算する
- 47.68の小数点をそのまま上に上げて<u>5.96</u>とする

```
    5.96
8)47.68
   40
   76
   72
    48
    48
     0
```

**整数÷小数と小数÷小数**は、割る数の小数点を右によせて筆算しましょう。

### 例 2　整数 ÷ 小数、小数 ÷ 小数

❶ $12 \div 7.5 =$ 　　❷ $82.644 \div 8.52 =$

**❶の解説**

- わる数7.5の小数点を1つ右にずらして整数の75にする。12.の小数点も同じように右に1つずらして120.とする。

- 120÷75を割り切れるまで計算すると右のようになる。120.の小数点をそのまま上にあげて答えは<u>1.6</u>となる。

```
       1.6
75.)120.0
     75
     450
     450
       0
```

❷の解説
- 割る数8.52の小数点を右に2つずらして整数の852にする。82.644の小数点も同じように右に2つずらして8264.4とする。
- 8264.4÷852を割り切れるまで計算する。
8264.4の小数点をそのまま上にあげて答えは<u>9.7</u>となる。

```
      8.52.)82.64.4

             9.7
      852)8264.4
          7668
           5964
           5964
              0
```

| 練習 | 1 | 次の計算を割り切れるまで解きなさい。 |
|---|---|---|
| | | ❶ 47.58÷6＝　❷ 1÷1.6＝ |
| | | ❸ 3.87÷1.5＝ |

| 解説 | 答 |
|---|---|

```
❶    7.93            ❷    0.625          ❸    2.58
   6)47.58           1.6)1.0000          1.5)3.8.70
     42                   96                  30
     ──                  ──                  ──
      55                   40                  87
      54                   32                  75
     ──                  ──                  ──
      18                   80                 120
      18                   80                 120
     ──                  ──                 ──
       0                    0                   0
```

答え　❶ 7.93　❷ 0.625　❸ 2.58

第3章 分数の計算

# 約分と通分

約分とは分数の分母と分子を同じ数で割って、かんたんにすることです。分母と分子の最大公約数で割ればもっともかんたんにすることができます。

例1 次の分数を約分しなさい。

❶ $\dfrac{24}{36}$　❷ $\dfrac{34}{85}$

❶の解説

・分母36と分子24の最大公約数は12です。**最大公約数の12で分母分子を割る**と次のようになります。

$$\dfrac{24}{36} = \dfrac{24 \div 12}{36 \div 12} = \dfrac{2}{3}$$

❷の解説

・分母85と分子34の最大公約数は17です。**最大公約数の17で分母分子を割る**と次のようになります。

$$\dfrac{34}{85} = \dfrac{34 \div 17}{85 \div 17} = \dfrac{2}{5}$$

通分とは分母の違う2つ以上の分数を分母が同じ分数に直すことです。それぞれの分母の最小公倍数を分母にすれば通分できます。

例2 次の分数を通分しなさい。

❶ $\dfrac{5}{6}$、$\dfrac{2}{9}$　❷ $\dfrac{3}{8}$、$\dfrac{5}{12}$、$\dfrac{7}{16}$

**❶の解説**

・分母の6と9の最小公倍数は18ですから、分母を18にそろえればよいことがわかります。

$$\frac{5}{6} = \frac{5 \times 3}{6 \times 3} = \frac{15}{18} \quad \frac{2}{9} = \frac{2 \times 2}{9 \times 2} = \frac{4}{18}$$

答え　$\frac{15}{18}$ 、$\frac{4}{18}$

**❷の解説**

・分母の8と12と16の最小公倍数は48ですから、分母を48にそろえればよいことがわかります。

$$\frac{3}{8} = \frac{3 \times 6}{8 \times 6} = \frac{18}{48} \quad \frac{5}{12} = \frac{5 \times 4}{12 \times 4} = \frac{20}{48} \quad \frac{7}{16} = \frac{7 \times 3}{16 \times 3} = \frac{21}{48}$$

答え　$\frac{18}{48}$ 、$\frac{20}{48}$ 、$\frac{21}{48}$

---

**練習 1**

❶ 次の分数を約分しなさい。

① $\frac{15}{50}$　② $\frac{60}{72}$

❷ 次の分数を通分しなさい。

① $\frac{2}{3}$ 、$\frac{1}{4}$　② $\frac{17}{36}$ 、$\frac{11}{60}$ 、$\frac{19}{24}$

**解説と答え**

❶ ① $\frac{15}{50} = \frac{15 \div 5}{50 \div 5} = \frac{3}{10}$　② $\frac{60}{72} = \frac{60 \div 12}{72 \div 12} = \frac{5}{6}$

❷ ① $\frac{2}{3} = \frac{2 \times 4}{3 \times 4} = \frac{8}{12} \quad \frac{1}{4} = \frac{1 \times 3}{4 \times 3} = \frac{3}{12}$

② $\frac{17}{36} = \frac{17 \times 10}{36 \times 10} = \frac{170}{360} \quad \frac{11}{60} = \frac{11 \times 6}{60 \times 6} = \frac{66}{360}$

$\frac{19}{24} = \frac{19 \times 15}{24 \times 15} = \frac{285}{360}$

答え　① $\frac{8}{12}$ 、$\frac{3}{12}$　② $\frac{170}{360}$ 、$\frac{66}{360}$ 、$\frac{285}{360}$

# 分数のたし算とひき算

分母の同じたし算とひき算は、分母をそのままにして分子どうしをたしたり引いたりします。分母のちがうたし算とひき算は通分してから計算しましょう。

**例1 分数のたし算**

❶ $\dfrac{2}{7} + \dfrac{6}{7} =$　　❷ $\dfrac{2}{15} + \dfrac{7}{10} =$

❶の解説（**分母の同じたし算**）

$\dfrac{2}{7} + \dfrac{6}{7} = \dfrac{8}{7}$　　←分母をそのままにして分子どうしをたす

$= 1\dfrac{1}{7}$　　←仮分数の $\dfrac{8}{7}$ を帯分数の $1\dfrac{1}{7}$ に直して答えとする

❷の解説（**分母のちがうたし算**）

$\dfrac{2}{15} + \dfrac{7}{10} = \dfrac{4}{30} + \dfrac{21}{30}$　←**分母の最小公倍数30で通分する**

$= \dfrac{25}{30} = \dfrac{5}{6}$　　←約分してもっともかんたんなかたちにする

**例2 分数のひき算**

❶ $\dfrac{4}{9} - \dfrac{1}{9} =$　　❷ $2\dfrac{3}{4} - \dfrac{1}{6} - \dfrac{3}{8} =$

**❶の解説（分母の同じひき算）**

$\dfrac{4}{9} - \dfrac{1}{9} = \dfrac{3}{9}$　　⇐… 分母をそのままにして分子どうしをひく

$= \dfrac{1}{3}$　　⇐… 約分してもっともかんたんな形にする

**❷の解説（分母の違うひき算）**

$2\dfrac{3}{4} - \dfrac{1}{6} - \dfrac{3}{8} = \dfrac{11}{4} - \dfrac{1}{6} - \dfrac{3}{8}$　⇐… 帯分数は仮分数に直す

$= \dfrac{66}{24} - \dfrac{4}{24} - \dfrac{9}{24}$　　⇐… **分母の最小公倍数24で通分する**

$= \dfrac{53}{24} = 2\dfrac{5}{24}$　　⇐… 仮分数の $\dfrac{53}{24}$ を帯分数の $2\dfrac{5}{24}$ に直して答えとする

---

**練習 1**　次の計算を解きなさい。

❶ $\dfrac{3}{10} + \dfrac{1}{10} =$　　❷ $\dfrac{4}{9} + \dfrac{3}{4} =$

❸ $2\dfrac{8}{25} - \dfrac{3}{25} =$　　❹ $\dfrac{15}{16} - \dfrac{1}{4} - \dfrac{7}{12} =$

---

**解説と解答**

❶ $\dfrac{3}{10} + \dfrac{1}{10} = \dfrac{4}{10} = \dfrac{2}{5}$

❷ $\dfrac{4}{9} + \dfrac{3}{4} = \dfrac{16}{36} + \dfrac{27}{36} = \dfrac{43}{36} = 1\dfrac{7}{36}$

❸ $2\dfrac{8}{25} - \dfrac{3}{25} = \dfrac{58}{25} - \dfrac{3}{25} = \dfrac{55}{25} = \dfrac{11}{5} = 2\dfrac{1}{5}$

❹ $\dfrac{15}{16} - \dfrac{1}{4} - \dfrac{7}{12} = \dfrac{45}{48} - \dfrac{12}{48} - \dfrac{28}{48} = \dfrac{5}{48}$

# 分数のかけ算とわり算

分数のかけ算は、分母は分母どうし、分子は分子どうしかけましょう。
かける前に約分するのがポイントです。

### 例1 分数のかけ算

❶ $\dfrac{2}{3} \times \dfrac{5}{7} =$   ❷ $2\dfrac{2}{9} \times 2\dfrac{7}{10} =$

❶ $\dfrac{2}{3} \times \dfrac{5}{7} = \dfrac{2 \times 5}{3 \times 7} = \dfrac{10}{21}$ ←…❶のように約分できないときは分母どうし、分子どうしそのままかけて答えにします

❷ $2\dfrac{2}{9} \times 2\dfrac{7}{10} = \dfrac{20}{9} \times \dfrac{27}{10}$ ←…まず仮分数に直す

$= \dfrac{\overset{2}{20} \times \overset{3}{27}}{\underset{1}{9} \times \underset{1}{10}}$   ←…かける前に約分する

$= \dfrac{6}{1} = 6$   ←…$\dfrac{整数}{1}$ は整数に直すことができる

分数のわり算は、わる数の分母と分子を
ひっくり返して、かけ算に直してから計算しましょう。

### 例2 分数のわり算

❶ $\dfrac{3}{8} \div \dfrac{3}{4} =$   ❷ $2\dfrac{2}{11} \div 1\dfrac{3}{22} =$

❶ $\dfrac{3}{8} \div \dfrac{3}{4} = \dfrac{3}{8} \times \dfrac{4}{3}$   ←…わる数 $\dfrac{3}{4}$ の分母と分子をひっくり返してかけ算に直す

$$=\frac{\overset{1}{3}\times\overset{1}{4}}{\underset{2}{8}\times\underset{1}{3}}$$ ←…約分する

$$=\frac{1}{2}$$

❷ $2\frac{2}{11} \div 1\frac{3}{22} = \frac{24}{11} \div \frac{25}{22}$ ←…帯分数を仮分数に直す

$$=\frac{24}{11} \times \frac{22}{25}$$

←…わる数 $\frac{25}{22}$ の分母と分子をひっくり返してかけ算に直す

$$=\frac{24\times\overset{2}{22}}{\underset{1}{11}\times 25}$$ ←…約分する

$$=\frac{48}{25}=1\frac{23}{25}$$ ←…仮分数を帯分数に直す

---

**練習 1** 次の計算をしなさい。

❶ $\frac{4}{5} \times \frac{15}{16} =$   ❷ $3\frac{6}{19} \times 38 =$

❸ $\frac{5}{7} \div \frac{13}{21} =$   ❹ $11\frac{1}{3} \div 1\frac{8}{9} =$

---

**解説**
**解答**

❶ $\frac{4}{5} \times \frac{15}{16} = \frac{\overset{1}{4}\times\overset{3}{15}}{\underset{1}{5}\times\underset{4}{16}} = \underline{\frac{3}{4}}$

❷ $3\frac{6}{19} \times 38 = \frac{63}{19} \times \frac{38}{1} = \frac{63\times\overset{2}{38}}{\underset{1}{19}\times 1} = \frac{126}{1} = \underline{126}$

❸ $\frac{5}{7} \div \frac{13}{21} = \frac{5}{7} \times \frac{21}{13} = \frac{5\times\overset{3}{21}}{\underset{1}{7}\times 13} = \frac{15}{13} = \underline{1\frac{2}{13}}$

❹ $11\frac{1}{3} \div 1\frac{8}{9} = \frac{34}{3} \div \frac{17}{9} = \frac{34}{3} \times \frac{9}{17} = \frac{\overset{2}{34}\times\overset{3}{9}}{\underset{1}{3}\times\underset{1}{17}}$

$= \frac{6}{1} = \underline{6}$

# 分数と小数の変換

分数を小数に直すには分子を分母で割りましょう。

**例 1** 次の分数を小数に直しなさい。

❶ $\dfrac{3}{5}$　　❷ $\dfrac{5}{8}$　　❸ $5\dfrac{3}{25}$

❶ $\dfrac{3}{5} = 3 \div 5$　　〈…分数を「分子÷分母」のかたちに直す

　　　$= \underline{0.6}$　　〈…筆算で $3 \div 5$ を計算し、0.6を求める

❷ $\dfrac{5}{8} = 5 \div 8$　　〈…分数を「分子÷分母」のかたちに直す

　　　$= \underline{0.625}$　　〈…筆算で $5 \div 8$ を計算し、0.625を求める

❸ $5\dfrac{3}{25} = 5 + \dfrac{3}{25}$　〈…帯分数は「整数＋分数」のかたちにすることができる

　　　$= 5 + 3 \div 25$　〈…分数を「分子÷分母」のかたちに直す

　　　$= 5 + 0.12$　〈…筆算で $3 \div 25$ を計算し、0.12を求める

　　　$= \underline{5.12}$

**小数を分数に直す方法**
小数を分数に直すために $0.1 = \dfrac{1}{10}$、$0.01 = \dfrac{1}{100}$、$0.001 = \dfrac{1}{1000}$ であることを利用します。

❶ **$0.1 = \dfrac{1}{10}$ をもとに考えます。** 0.8 は 0.1 が 8 つ分なので 0.8 $= \dfrac{8}{10}$ です。$\dfrac{8}{10}$ を約分して **$\dfrac{4}{5}$ が答え**です。

❷ **$0.01 = \dfrac{1}{100}$ をもとに考えます。** 0.48 は 0.01 が 48 こ分なので 0.48 $= \dfrac{48}{100}$ です。$\dfrac{48}{100}$ を約分して **$\dfrac{12}{25}$ が答え**です。

❸ まず、**7.808 を 7 + 0.808 のかたち**にして、0.808 を分数に直しましょう。**$0.001 = \dfrac{1}{1000}$ をもとに考えます。** 0.808 は 0.001 が 808 こ分なので 0.808 $= \dfrac{808}{1000}$ です。$\dfrac{808}{1000}$ を約分すると $\dfrac{101}{125}$ となります。$\dfrac{101}{125}$ に 7 をたして**答えは $7\dfrac{101}{125}$** です。

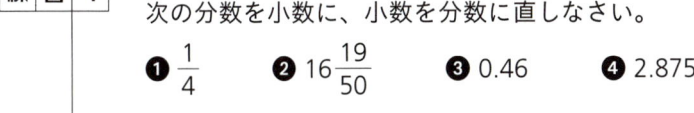

| 解説 答え |
|---|

❶ $\dfrac{1}{4} = 1 \div 4 = \underline{0.25}$

❷ $16\dfrac{19}{50} = 16 + 19 \div 50 = 16 + 0.38 = \underline{16.38}$

❸ $0.46 = \dfrac{46}{100} = \underline{\dfrac{23}{50}}$

❹ $2.875 = 2 + 0.875 = 2 + \dfrac{875}{1000} = 2 + \dfrac{7}{8} = \underline{2\dfrac{7}{8}}$

第4章 単位量あたりの大きさ

# 平均とは

平均とは、2つ以上の数や量を、等しい大きさになるようにならしたものです。
平均は次の式で求めることができます。
**平均＝合計÷個数**

**例 1**

次のにんじんの重さの平均を求めなさい。

211g　　　　　　198g　　　　　　203g

**合計÷個数で平均を求めることができる**ので、まず合計を出します。にんじん3本の重さの合計は
　211＋198＋203＝612g
です。**合計の612を個数の3で割れば平均が求まります。**
　612÷3＝204　　　　　　　　　　　　答え　204g

平均、合計、個数の関係は次の面積図で表すことができます。

面積図からもわかるように、次の3つの式が成り立ちます。
**平均＝合計÷個数**
**個数＝合計÷平均**
**合計＝平均×個数**

**例 2**

❶ A君は何日か走り、走った合計が28kmになりました。A君が走った1日の平均距離が3.5 kmでした。A君は何日走ったでしょうか。

❷ 25人の算数のテストの平均点が70.4点でした。25人の合計点は何点ですか。

❶ **個数（何日走ったか）＝合計（走った合計距離）÷平均（走った平均距離）**なので

　$28 ÷ 3.5 = 8$

で8日走ったことがわかります。　　　　　　　　　答え　8日

❷ **合計（25人の合計点）＝平均（25人の平均点）×個数（人数）**なので

　$70.4 × 25 = 1760$

で25人の合計点が1760点であることがわかります。

答え　1760点

**練習 1**

❶ いくつかのトマトがあり、すべてのトマトの合計の重さは2.1kgです。これらのトマトの平均の重さは175gです。トマトは何個あるでしょうか。

❷ たけしくんは22日間、毎日問題を解きました。1日平均8.5問の問題を解いたそうです。たけしくんは合計で何問の問題を解きましたか。

**解説と答え**

❶ **個数＝合計÷平均**を利用する。

　2.1kg ＝ 2100g

　$2100 ÷ 175 = 12$　　　　　　答え　12個

❷ **合計＝平均×個数**を利用する。

　$8.5 × 22 = 187$　　　　　　答え　187問

# 第4章 単位量あたりの大きさ

## 単位量あたりの大きさ

1単位あたりどのくらいの量になるか表した大きさを「単位量あたりの大きさ」といいます。
たとえば、「1人あたり300g」や「1時間あたり20km進む」などの表し方のことをいいます。

### 例1

A車はガソリン5ℓあたり61km進みます。B車はガソリン8ℓあたり110km進みます。A車、B車それぞれガソリン1ℓあたり何km進みますか。

A車はガソリン5ℓあたり61km進むのですから、1ℓあたり何km進むかというと
　　61÷5＝12.2km
進むことがわかります。

B車はガソリン8ℓあたり110km進むのですから、1ℓあたり何km進むかというと
　　110÷8＝13.75km
進むことがわかります。1ℓあたりの進む距離はB車のほうが長いのでA車よりB車のほうが低燃費であるということですね。

　　　　　　　　　答え　A車12.2km、B車13.75km

### 例2

A市の広さは1200km²で人口は180万人です。B市の広さは250km²で人口は30万人です。A市とB市ではどちらのほうが人がこんでいるといえますか。

A市とB市それぞれ1km²あたりの人口を求めれば、こみぐあいを比べることができます。

A市の1km²あたりの人口は、**人口を面積で割れば求まります。**
　　1800000 ÷ 1200 = 1500人

B市の1km²あたりの人口は、**人口を面積で割れば求まります。**
　　300000 ÷ 250 = 1200人

1km²あたりの人口はA市が1500人、B市が1200人で<u>A市のほうがB市よりも人がこんでいる</u>ことがわかります。

**1km²あたりの人口のことを人口密度といいます。**

---

| 練習1 | ❶ Aさんの田の広さは900m²で、486kgの米を収穫しました。Bさんの田の広さは300m²で、165kgの米を収穫しました。1m²あたりの収穫高が多いのはどちらの田ですか。<br>❷ ある町の広さは74km²で、人口は38702人です。この町の人口密度を求めなさい。 |
|---|---|
| 解説と答え | ❶ Aさんの田の1m²あたりの収穫高は、<br>486 ÷ 900 = 0.54 kgです。<br>Bさんの田の1m²あたりの収穫高は、<br>165 ÷ 300 = 0.55 kgです。<br>これにより、Bさんの田のほうが1m²あたりの収穫高が多いことがわかります。　　答え　Bさんの田<br>❷ **人口密度（1km²あたりの人口）は人口を面積で割れば求まります**から<br>　　38702 ÷ 74 = 523<br>で人口密度は523人であることがわかります。<br>　　　　　　　　　　　　　　　答え　<u>523人</u> |

第4章 単位・量あたりの大きさ

# 単位の換算(かんさん)

まずは長さや重さ、面積、体積などの単位の関係を覚えましょう。単位の関係を覚えたら、それをもとに単位の換算をします。

まずは単位の関係を覚えましょう。

**k(キロ)が1000倍**を表し、**m(ミリ)が$\frac{1}{1000}$**を表すことを知っていると単位の関係を覚えやすくなります。

(例)1gの1000倍は1**k**gです。1mの$\frac{1}{1000}$は1**m**mです。

**覚えるべき単位の関係**

長さの単位
　　1km = 1000m　　1m = 100cm　　1cm = 10mm

重さの単位
　　1t = 1000kg　　1kg = 1000g　　1g = 1000mg

面積の単位
　　1km² = 1000000m²　　1m² = 10000cm²
　　1ha = 100a　　1a = 100m²
　　haはヘクタール、aはアールと読みます。

体積、容積の単位
　　1m³ = 1000000cm³
　　1kℓ = 1000ℓ = 1m³　　1ℓ = 10dℓ = 1000cm³

**例 1**

□にあてはまる数を答えなさい。
3g =□kg

1kg＝1000gですから、3g＝□kgの上にこの関係を書き並べると次のようになります。

　　1000g＝1kg
　　　3g＝□kg

1000gを1kgに変換するときに次のように**小数点を3つ左に移動**していることがわかります。

$$1.000.g = 1kg$$

これより、3gを□kgに変換するときも**小数点を3つ左に移動**すればよいことがわかります。**数がないところには0をつけくわえて考えます。**

$$0.003.g = □kg$$

これから、3gを□kgに変換すると0.003kgになることがわかります。　　　　　　　　　　　　　　　　答え　0.003

この小数点の移動を考える方法でさまざまな単位換算をすることができます。

---

| 練習 1 | □にあてはまる数を答えなさい。<br>　157mℓ＝□ℓ |
|---|---|

| 解説と答え | 例1と同じように考えます。<br><br>　　1000mℓ＝1ℓ　　　　　$1.000.mℓ = 1ℓ$<br>　　157mℓ　＝□ℓ<br>小数点の移動を考えると次　$0.157.mℓ = □ℓ$<br>のようになります。<br>これから、157mℓを□ℓに変換すると0.157ℓになることがわかります。　　　　　　　　答え　0.157 |
|---|---|

# いろいろな四角形

**正方形、長方形、平行四辺形、台形、ひし形など いろいろな四角形について学びましょう。**

第5章 平面図形

4本の直線でかこまれた平面図形を四角形といいます。四角形の内角の和は360度です。

おもな四角形には次のものがあります。
① 正方形…4つの辺の長さが等しく、4つの角が直角の四角形

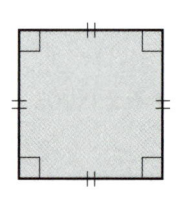

② 長方形…4つの角が直角の四角形

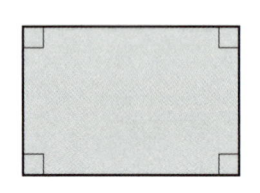

③ 平行四辺形…2組の向かいあう辺がそれぞれ平行な四角形

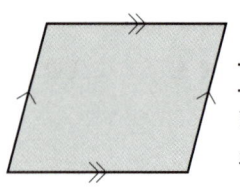

2つの直線が平行であるとき、
———→
———→  というように
直線に矢印をつけて
平行であることを表します。

④台形…1組の向かいあう辺が平行な四角形

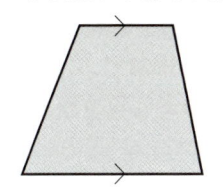

⑤ひし形…4つの辺の長さが等しい四角形

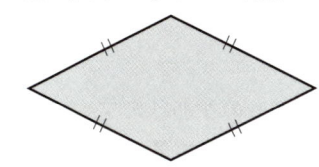

| 練習 | 1 | |
|---|---|---|
| | | 正方形、長方形、平行四辺形、台形、ひし形の中から、次の❶～❸にあてはまる四角形をすべてえらびなさい。<br>❶向かいあった2組の辺がそれぞれ平行な四角形はどれですか。<br>❷4本の辺の長さがすべて等しい四角形はどれですか。<br>❸2本の対角線が直角に交わる四角形はどれですか。 |
| 解説<br>解答 | | ❶向かいあった2組の辺がそれぞれ平行な四角形は<br>正方形、長方形、平行四辺形、ひし形です。<br>❷4本の辺の長さがすべて等しい四角形は<br>正方形、ひし形です。<br>❸2本の対角線が直角に交わる四角形は<br>正方形、ひし形です。 |

# いろいろな三角形

**正三角形、二等辺三角形、直角三角形、直角二等辺三角形など、いろいろな三角形について学びましょう。**

3本の直線でかこまれた平面図形を三角形といいます。三角形の内角の和は180度です。

おもな三角形には次のものがあります。
①正三角形…3つの辺の長さが等しい三角形。

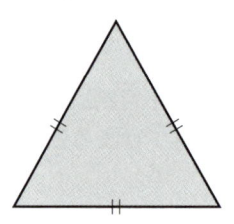

②二等辺三角形…2つの辺の長さが等しい三角形

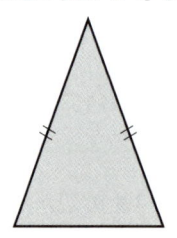

③直角三角形…1つの角が直角である三角形

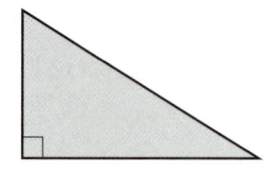

④直角二等辺三角形…2つの辺の長さが等しく、この2つの辺の間の角が直角の三角形

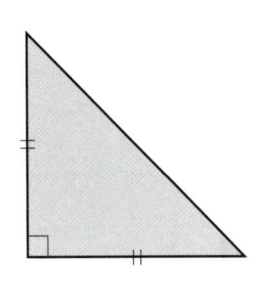

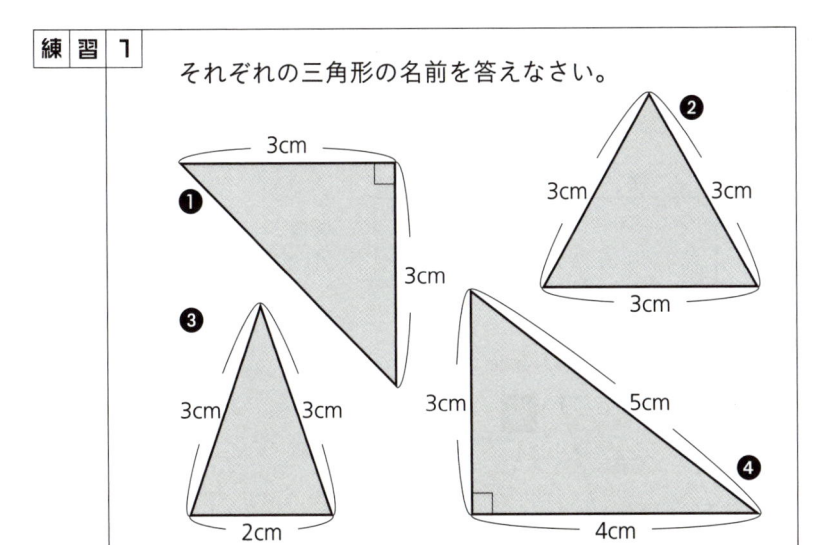

---

**練習 1** それぞれの三角形の名前を答えなさい。

**解説 答え**

❶ 2つの辺の長さが等しく、この2つの辺の間の角が直角なので、直角二等辺三角形です。

❷ 3つの辺の長さが等しいので、正三角形です。

❸ 2つの辺の長さが等しいので、二等辺三角形です。

❹ 1つの角が直角であるので、直角三角形です。

第5章 平面図形

# 四角形の面積

正方形、長方形、平行四辺形、台形、ひし形
それぞれの面積の求め方を学びましょう。

## 面積の単位cm²は「平方センチメートル」と読みます。
## 正方形の面積＝1辺×1辺

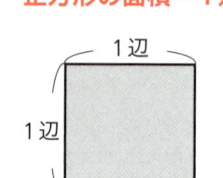

例

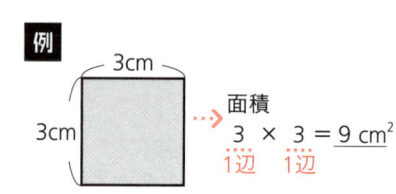

面積
3 × 3 = 9 cm²
　1辺　1辺

## 長方形の面積＝たて×よこ

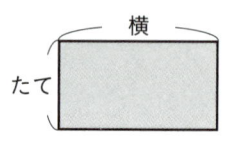

例

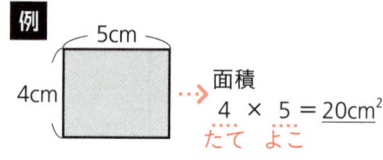

面積
4 × 5 = 20cm²
　たて　よこ

## 平行四辺形の面積＝底辺×高さ

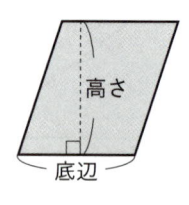

例

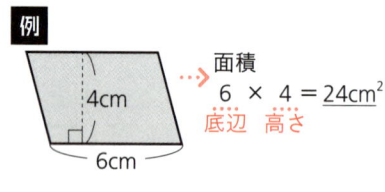

面積
6 × 4 = 24cm²
　底辺　高さ

## 台形の面積＝（上底＋下底）×高さ÷2

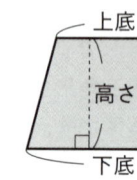

例

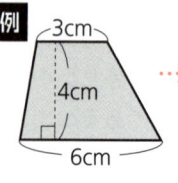

面積
（3 + 6）× 4 ÷ 2 = 18cm²
　上底 下底　高さ

**ひし形の面積＝対角線×対角線÷2**

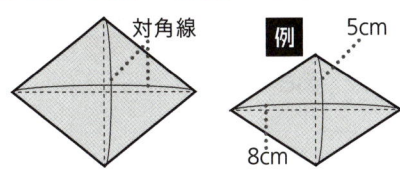

例　面積
8 × 5 ÷ 2 ＝ 20cm²
　対角線 対角線

---

| 練習 1 | それぞれの四角形の面積を求めなさい。 |

❶ 2.5cm × 4cm の長方形
❷ 11cm × 11cm の正方形
❸ 対角線 9cm と 7cm のひし形
❹ 上底8cm、下底12cm、高さ9cm の台形
❺ 底辺1.8cm、高さ2.1cm の平行四辺形

---

**解説 答**

❶ **長方形の面積＝たて×よこ**
4 × 2.5 ＝ 10cm²

❷ **正方形の面積＝1辺×1辺**
11 × 11 ＝ 121cm²

❸ **ひし形の面積＝対角線×対角線÷2**
9 × 7 ÷ 2 ＝ 31.5cm²

❹ **台形の面積＝（上底＋下底）×高さ÷2**
(8 ＋ 12) × 9 ÷ 2 ＝ 90cm²

❺ **平行四辺形の面積＝底辺×高さ**
1.8 × 2.1 ＝ 3.78cm²

# 三角形の面積

**三角形の面積は次の式で求めることができます。**
**三角形の面積＝底辺×高さ÷2**

## 三角形の面積＝底辺×高さ÷2

三角形の高さとは、次の図で底辺BCに垂直な線分ADの長さのことです。

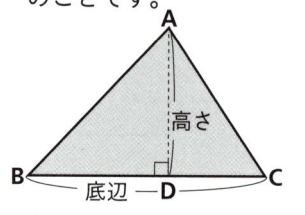

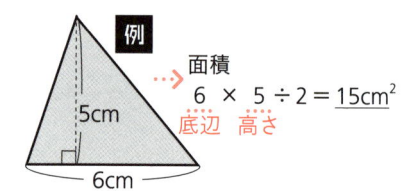

**例**
面積
$6 \times 5 \div 2 = \underline{15cm^2}$
　底辺　高さ

では、次のような三角形の高さはどこになるでしょうか。

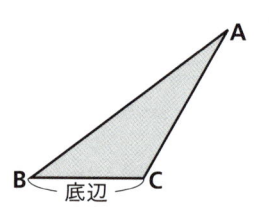

この場合、次のように底辺を延長した直線に垂直な線分ADの長さを高さといいます。

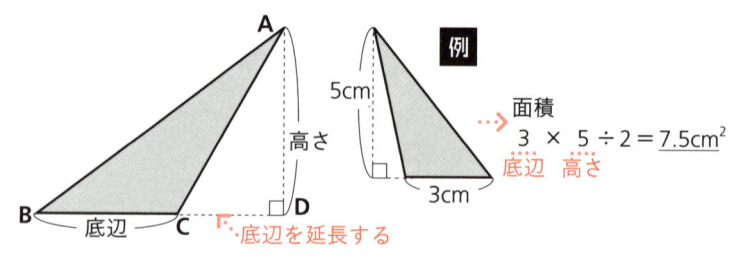

**例**
面積
$3 \times 5 \div 2 = \underline{7.5cm^2}$
　底辺　高さ

|練習 1|

次の三角形の面積を求めなさい。

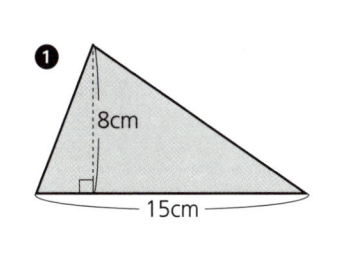

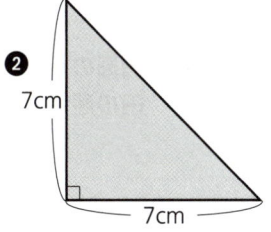

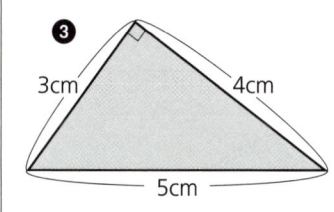

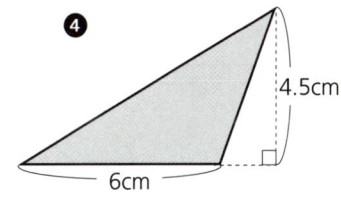

❶ 8cm / 15cm

❷ 7cm / 7cm

❸ 3cm, 4cm / 5cm

❹ 6cm / 4.5cm

|解説 答え|

❶ **三角形の面積＝底辺×高さ÷2**
　15 × 8 ÷ 2 = 60cm²

❷ **三角形の面積＝底辺×高さ÷2**
　7 × 7 ÷ 2 = 24.5cm²

❷の三角形は直角二等辺三角形です。直角三角形の場合は辺の長さがそのまま高さになることがあります。

❸ **三角形の面積＝底辺×高さ÷2**
　3 × 4 ÷ 2 = 6cm²

❸の直角三角形の場合、3cmの辺を底辺と考えると4cmの辺が高さになります。一方、4cmの辺を底辺と考えると3cmの辺が高さになります。

❹ **三角形の面積＝底辺×高さ÷2**
　6 × 4.5 ÷ 2 = 13.5cm²

第5章 平面図形

# 円周と円の面積

**円周の長さと円の面積は次の式で求めることができます。**

**円周の長さ＝直径×円周率**
**円の面積＝半径×半径×円周率**

直径は半径の2倍の長さです。

円周率は3.1415926535…と無限に続く小数ですが、小学校では3.14を円周率とする場合が多いので、**ここでも円周率を3.14として計算**していきましょう。

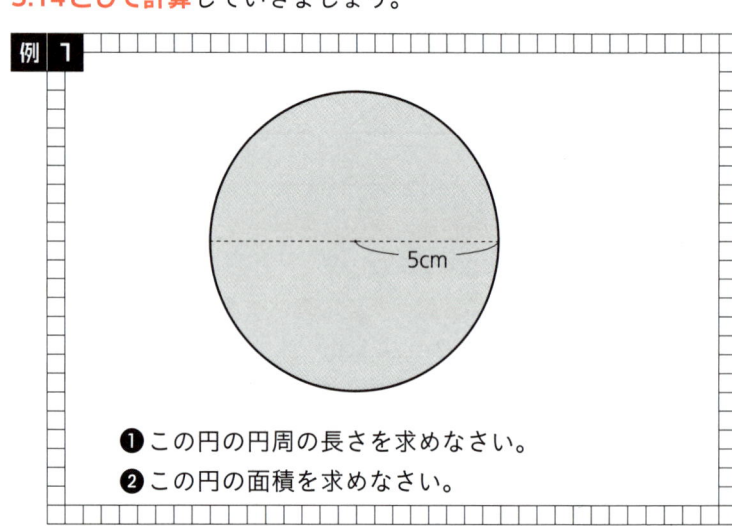

### 例 1

（半径5cmの円）

❶ この円の円周の長さを求めなさい。
❷ この円の面積を求めなさい。

❶ **円周＝直径×3.14**
　直径は半径の2倍なので5×2＝10cm
　　10×3.14＝<u>31.4cm</u>
❷ **円の面積＝半径×半径×3.14**
　　5×5×3.14＝<u>78.5cm$^2$</u>

PART1●小学校6年分の算数をおさらいしよう！

| 練習 | 1 |
|---|---|

❶ この円の円周を求めなさい。
❷ この円の面積を求めなさい。

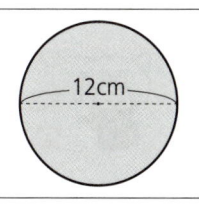

（直径 12cm の円）

| 解説 | と |
|---|---|
| 答 |  |

❶ **円周＝直径×3.14**
　12 × 3.14 ＝ 37.68cm
❷ **円の面積＝半径×半径×3.14**
半径は直径の半分なので 12 ÷ 2 ＝ 6cm
　6 × 6 × 3.14 ＝ 113.04 cm$^2$

| 練習 | 2 |
|---|---|

中心が同じである大きい円と小さい円があります。
❶ 大きい円の円周の長さは小さい円の円周の何倍ですか。
❷ 色をつけた部分の面積を求めなさい。

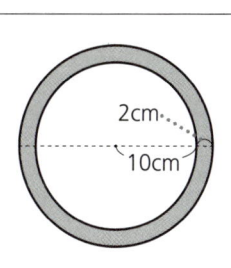

（小さい円の半径 10cm、外側の幅 2cm）

| 解説 | と |
|---|---|
| 答 |  |

❶ 大きい円の直径は (10 ＋ 2) × 2 ＝ 24cm です。
大きい円の円周の長さは 24 × 3.14 ＝ 75.36cm です。
小さい円の直径は 10 × 2 ＝ 20cm です。
小さい円の円周の長さは 20 × 3.14 ＝ 62.8cm です。
　75.36 ÷ 62.8 ＝ 1.2倍
❷ 大きい円の面積は 12 × 12 × 3.14 ＝ 452.16cm$^2$ です。
小さい円の面積は 10 × 10 × 3.14 ＝ 314cm$^2$ です。
色をつけた部分の面積＝大きい円の面積－小さい円の面積なので
　452.16 － 314 ＝ 138.16cm$^2$

# 拡大図と縮図

図形のすべての辺の長さを
同じ割合でのばした図を**拡大図**といいます。
図形のすべての辺の長さを
同じ割合でちぢめた図を**縮図**といいます。

三角形ABCのそれぞれの辺の長さを2倍した三角形DEFを書くと次のようになります。

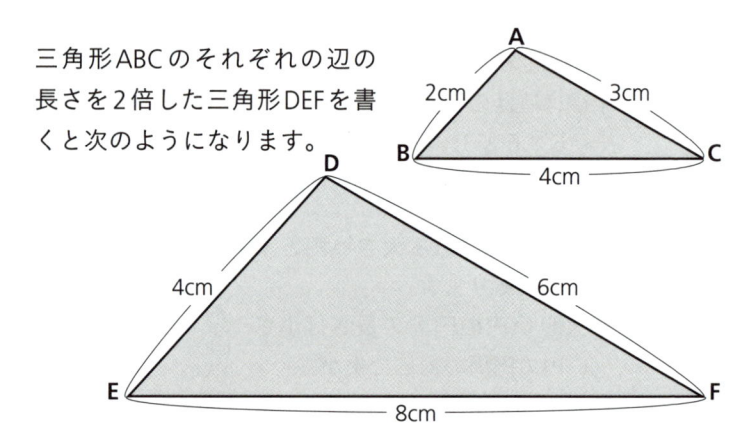

**三角形DEFを三角形ABCの拡大図といいます。**この場合、それぞれの辺の長さを2倍したので、2倍の拡大図といいます。
**角A＝角D、角B＝角E、角C＝角F**となり、拡大する前と拡大した後の角度が等しくなります。このことを**対応する角は等しい**といいます。

また、三角形ABCのそれぞれの辺の長さを$\frac{1}{2}$倍した三角形GHIを書くと次のようになります。

**三角形GHIを三角形ABCの縮図といいます。**この場合、それぞれの辺の長さを$\frac{1}{2}$倍したので、$\frac{1}{2}$の縮図といいます。
**角A＝角G、角B＝角H、角C＝角I**となり、縮図の場合も**対応する角は等しい**ことがわかります。

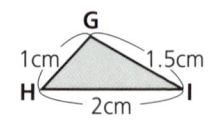

**練習 1**

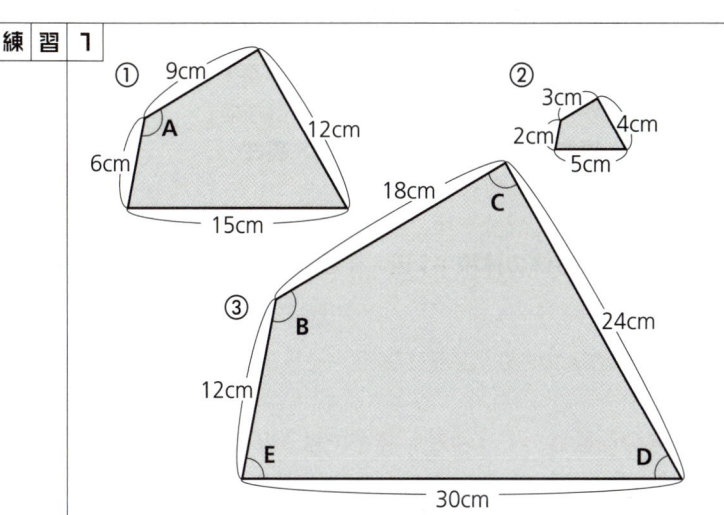

① 9cm, A, 12cm, 6cm, 15cm
② 3cm, 2cm, 4cm, 5cm
③ 18cm, C, B, 12cm, 24cm, E, D, 30cm

❶ ②は①の何分の1の縮図ですか。
❷ ③は①の何倍の拡大図ですか。
❸ 角B～角Eのうち、角Aと大きさが等しい角はどれですか。

**解説と答え**

❶ ②の四角形のそれぞれの辺は①の四角形のそれぞれの辺を$\frac{1}{3}$倍したものなので、答えは、$\frac{1}{3}$の縮図です。

答え　$\frac{1}{3}$の縮図

❷ ③の四角形のそれぞれの辺は①の四角形のそれぞれの辺を2倍したものなので、答えは、2倍の拡大図です。

答え　2倍の拡大図

❸ 拡大する前と拡大した後で対応する角の大きさは等しいので、角Aと等しいのは角Bです。

答え　角B

# 直方体と立方体の体積

長方形だけでかこまれた立体や長方形と正方形でかこまれた立体を**直方体**といいます。
**直方体の体積＝たて×よこ×高さ**

正方形だけでかこまれた立体を**立方体**といいます。
**立方体の体積＝１辺×１辺×１辺**

体積の単位の cm³ は「立方センチメートル」と読みます。

**直方体の体積はたて×よこ×高さで求まります。**

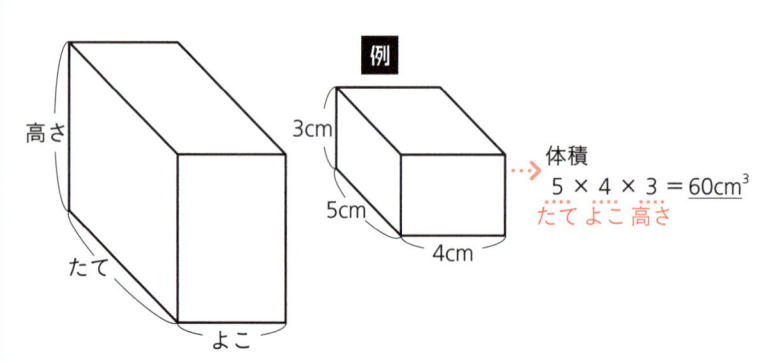

例

体積
$5 × 4 × 3 = 60cm^3$
たて よこ 高さ

**立方体の体積は１辺×１辺×１辺で求まります。**

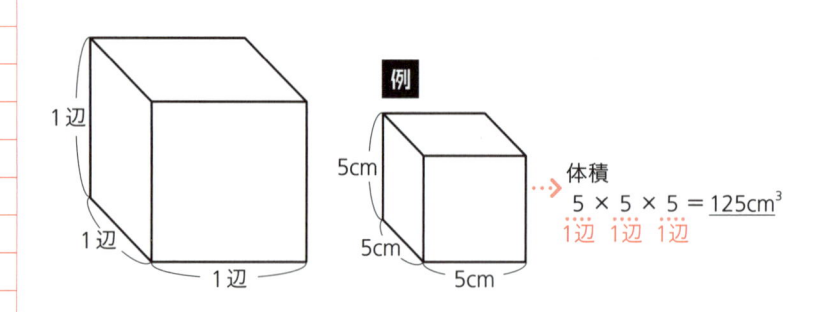

例

体積
$5 × 5 × 5 = 125cm^3$
１辺 １辺 １辺

| 練習 1 | 次の立体の体積を求めなさい。 |

❶ 8cm, 8cm, 8cm

❷ 6.1cm, 10cm, 5cm

| 解説 答 |
❶ **立方体の体積＝1辺×1辺×1辺**
 $8 \times 8 \times 8 = \underline{512\text{cm}^3}$
❷ **直方体の体積＝たて×よこ×高さ**
 $5 \times 10 \times 6.1 = \underline{305\text{cm}^3}$

| 練習 2 | 次の立体の体積を求めなさい。 |

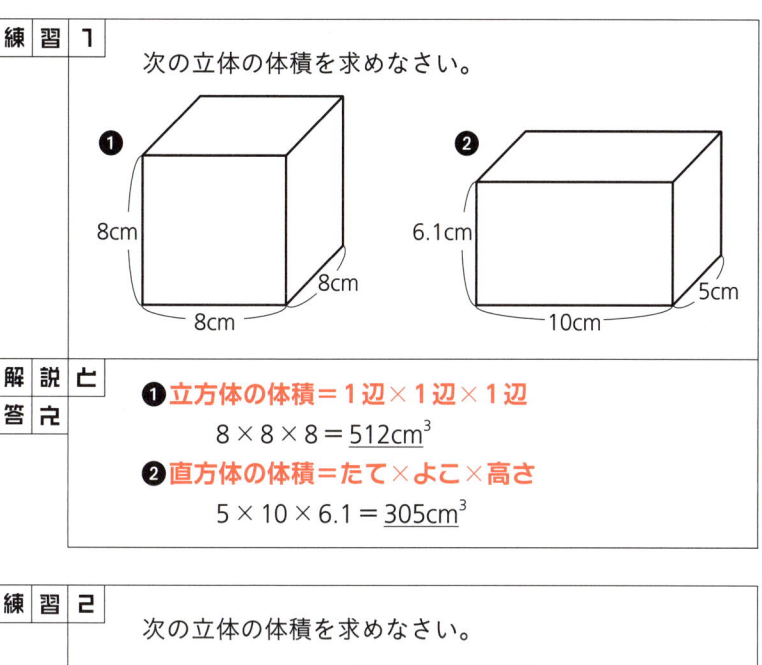

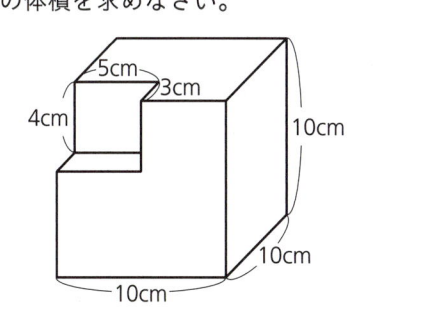

5cm, 3cm, 4cm, 10cm, 10cm, 10cm

| 解説 答 |
1辺が10cmの立方体から、たて3cm、よこ5cm、高さ4cmの直方体を切り取った立体と考えます。
$10 \times 10 \times 10 - 3 \times 5 \times 4$
$= 1000 - 60 = 940$

答え　940cm³

# 角柱と円柱の体積

右のような立体を**角柱**といいます。

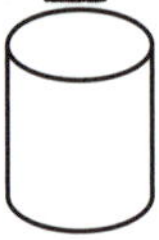

左のような立体を**円柱**といいます。
**角柱も円柱も体積は底面積×高さで求めます。**

## ■ 角柱

角柱で上下に向かいあった2つの面を**底面**といい、1つの底面の面積を**底面積**といいます。まわりの長方形（または正方形）の面を**側面**といいます。直方体や立方体も角柱のひとつです。

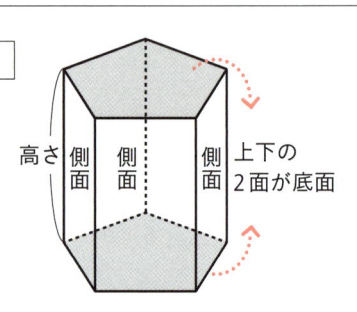

## ■ 円柱

円柱で上下に向かいあった2つの円を**底面**といい、1つの底面の面積を**底面積**といいます。まわりの面を**側面**といいます。

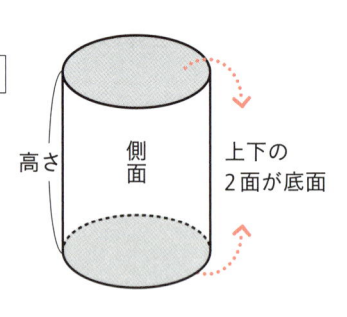

## 角柱も円柱も体積は底面積×高さで求めます。

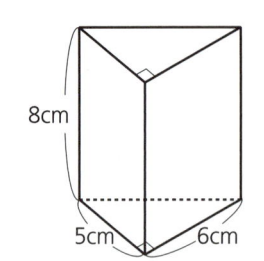

この角柱の底面は直角三角形で、
底面積は $5×6÷2＝15cm^2$
体積は底面積×高さで求まるので、
$15×8＝\underline{120cm^3}$

第6章 立体図形

PART1●小学校6年分の算数をおさらいしよう！

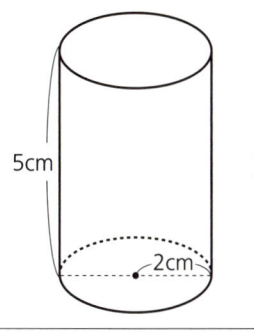

この円柱の底面積は
$2 × 2 × 3.14 = 12.56 cm^2$
体積は底面積×高さで求まるので
$12.56 × 5 = \underline{62.8 cm^3}$

**練習 1**

次の立体の体積を求めなさい。

❶ （上底9cm、下底12cm、高さ10cmの台形を底面とし、高さ15cmの角柱）

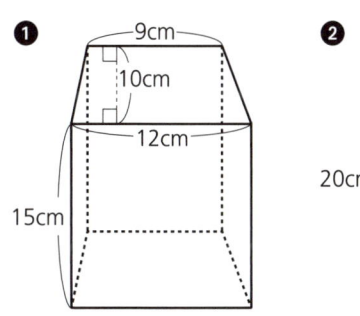

❷ （直径10cm、高さ20cmの円柱）

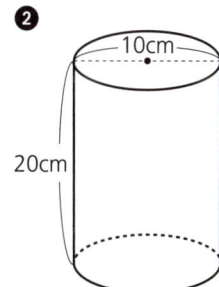

**解説と答え**

❶の角柱の底面は台形です。底面積は
$(9 + 12) × 10 ÷ 2 = 105 cm^2$
体積は底面積×高さで求まるので
$105 × 15 = \underline{1575 cm^3}$

❷の円柱の底面の半径は
$10 ÷ 2 = 5 cm$ です。
円柱の底面積は
$5 × 5 × 3.14 = 78.5 cm^2$
体積は底面積×高さで求まるので
$78.5 × 20 = \underline{1570 cm^3}$

# 割合の３用法とは

第7章 割合

**次の３つの公式を割合の３用法といいます。**
❶ 割合＝比べられる量÷もとにする量
❷ 比べられる量＝もとにする量×割合
❸ もとにする量＝比べられる量÷割合

たとえば、「6は2の3倍」という言葉を言いかえると「2をもとにして、6を比べると6は2の3倍である」となります。
この場合、2は**もとにする量**で、6は**比べられる量**です。そして、この3倍を**割合**といいます。

つまり、**割合とは比べられる量がもとにする量の何倍にあたるか表した数**のことです。

割合、比べられる量、もとにする量の関係を面積図にして表すと次のようになります。

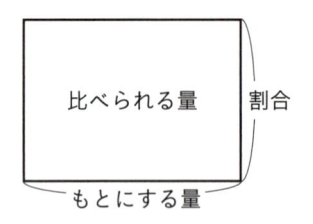

```
┌─────────────┐
│             │
│  比べられる量 │ 割合
│             │
└─────────────┘
   もとにする量
```

この面積図をもとにすると次の３つの式が成り立ち、これを**割合の３用法**といいます。
❶ **割合＝比べられる量÷もとにする量**
❷ **比べられる量＝もとにする量×割合**
❸ **もとにする量＝比べられる量÷割合**

| 練習 | 1 |

□にあてはまる数を求めましょう。
❶ 5kgの0.6倍は□kgです。
❷ 3kmは□mの500倍です。
❸ 50人の□倍は15人です。

| 解説 | と |
| 答え | |

**ポイント** もとにする量は「の」の前にくることが多いです。❶ 5kg<u>の</u>、❷ □m<u>の</u>、❸ 50人<u>の</u>、がもとにする量です。
❶ 0.6<u>倍</u>、❷ 500<u>倍</u>、❸ □<u>倍</u>のように「〜倍」というのが割合です。

❶ 5kgはもとにする量、0.6倍は割合で、比べられる量の□kgを求める問題です。
**比べられる量＝もとにする量×割合**
ですから 5×0.6＝3 　　　　　　　　答え　3

❷ 3kmは比べられる量、500倍は割合で、もとにする量の□mを求める問題です。単位をあわせるために比べられる量の3kmを3000mに直して考えます。
**もとにする量＝比べられる量÷割合**
ですから 3000÷500＝6 　　　　　　答え　6

❸ 50人はもとにする量、15人は比べられる量で、割合の□倍を求める問題です。
**割合＝比べられる量÷もとにする量**
ですから 15÷50＝0.3 　　　　　　　答え　0.3

❶の0.6倍や❸の0.3倍のように**割合は小数で表されることも多い**です。❷の500倍のように整数で表されることもあります。

# 百分率とは

**百分率は割合の表し方のひとつです。**
**割合を表す 0.01 を 1％（1パーセント）といいます。**
**パーセントで表した割合を百分率といいます。**

たとえば、0.3（倍）や 0.57（倍）のように、**小数で表した割合に 100 をかけると百分率に直すことができます。**

（例）0.57 を百分率に直すには…
0.57 × 100 ＝ 57％

一方、**百分率で表した割合を 100 で割ると小数の割合に直すことができます。**

（例）23％を小数に直すには…
23 ÷ 100 ＝ 0.23

| 練習 | 1 |
|---|---|

❶ 0.74 を百分率に直しなさい。
❷ 51.2％を小数に直しなさい。

| 解説と答え |
|---|

❶ 0.74 × 100 ＝ <u>74％</u>
❷ 51.2 ÷ 100 ＝ <u>0.512</u>

百分率を使った問題で割合の3用法を使いたい場合は、**百分率を小数に直してから計算**しましょう。

| 練習 | 2 |

次の□にあてはまる数を答えなさい。
❶ 150gは□gの25%です。
❷ 500人の□%は405人です。
❸ 75mの28%は□mです。

| 解説 | と |
| 答 | え |

❶ まず、百分率の25%を100で割って小数に直しましょう。

$$25 \div 100 = 0.25$$

比べられる量は150g、割合は0.25で、もとにする量の□gを求める問題です。

**もとにする量＝比べられる量÷割合**

ですから $150 \div 0.25 = 600$ 　　　　答え　600

❷ もとにする量は500人、比べられる量は405人で、百分率の□%を求める問題です。

**割合＝比べられる量÷もとにする量**

ですから $405 \div 500 = 0.81$
小数の0.81に100をかけて百分率に直します。

$$0.81 \times 100 = 81$$　　　　答え　81

❸ まず、百分率の28%を100で割って小数に直しましょう。

$$28 \div 100 = 0.28$$

もとにする量は75m、割合は0.28で、比べられる量の□mを求める問題です。

**比べられる量＝もとにする量×割合**

ですから $75 \times 0.28 = 21$ 　　　　答え　21

第7章 割合

# 歩合とは

割合を次のように表す方法を歩合といいます。
0.1＝1割（わり）
0.01＝1分（ぶ）
0.001＝1厘（りん）

### 例 1

次の割合を歩合に直しなさい。
❶ 0.5　　❷ 0.03　　❸ 0.008
❹ 0.24　　❺ 0.715　　❻ 0.901

❶ 0.5は0.1が5つなので5割です。　　答え　5割
❷ 0.03は0.01が3つなので3分です。　　答え　3分
❸ 0.008は0.001が8つなので8厘です。　　答え　8厘
❹ 0.24は0.1が2つで、0.01が4つなので2割4分です。

答え　2割4分

❺ 0.715は0.1が7つで、0.01が1つで、0.001が5つなので
7割1分5厘です。　　答え　7割1分5厘
❻ 0.901は0.1が9つで、0.001が1つなので
9割1厘です。　　答え　9割1厘

### 例 2

次の歩合を小数に直しなさい。
❶ 6割8分　　❷ 1割7分2厘　　❸ 5分5厘

❶ 6割8分は0.1が6つで、0.01が8つなので0.68
❷ 1割7分2厘は0.1が1つで、0.01が7つで、0.001が2つなので0.172
❸ 5分5厘は0.01が5つで、0.001が5つなので0.055

歩合を使った問題で割合の3用法を使いたい場合は、**歩合を小数に直してから計算**しましょう。

| 練習 | 1 | 次の□にあてはまる数を答えなさい。 |
|---|---|---|
| | | ❶ 800kgの8割9分5厘は□kgです。 |
| | | ❷ □mの3割4厘は152mです。 |
| | | ❸ 320ℓの□割□分□厘は36.8ℓです。 |

| 解説 | と | |
|---|---|---|
| 答 | え | |

❶ 歩合の8割9分5厘は0.1が8つで、0.01が9つで、0.001が5つなので0.895です。

もとにする量が800kg、割合が0.895で、比べられる量の□kgを求める問題です。

**比べられる量＝もとにする量×割合**

ですから 800×0.895＝716　　　　　答え　716

❷ 歩合の3割4厘は0.1が3つで、0.001が4つなので0.304です。

割合が0.304、比べられる量が152mで、もとにする量の□mを求める問題です。

**もとにする量＝比べられる量÷割合**

ですから 152÷0.304＝500　　　　　答え　500

❸ もとにする量は320ℓ、比べられる量は36.8ℓで、歩合の□割□分□厘を求める問題です。

**割合＝比べられる量÷もとにする量**

ですから 36.8÷320＝0.115

小数の0.115を歩合に直すと1割1分5厘です。

答え　1（割）1（分）5（厘）

# 割合のグラフ

第7章 割合

それぞれの割合を目で見てわかるようにするために、円グラフと帯グラフが使われることがあります。

**例** まさる君の学校で好きなスポーツについてのアンケートを行ったところ右の表のような結果になりました。

この結果を目で見てわかりやすく表すために、円グラフと帯グラフで表すと次のようになります。

| スポーツ名 | 割合 |
|---|---|
| 野球 | 28% |
| サッカー | 25% |
| バスケットボール | 15% |
| バレーボール | 12% |
| 水泳 | 9% |
| テニス | 6% |
| その他 | 5% |
| **合計** | **100%** |

（合計は必ず100%になります）

円グラフ

帯グラフ

---

**練習1**

たけしくんは200枚のカードを持っており、カードの色の割合は右の円グラフの通りです。

❶ 赤色のカードは全体の何%ですか。
❷ 白色のカードは何枚ありますか。

**解説と答え**

❶ 全体で100%になるので
100 −（38 + 20 + 12）= 30

答え　30%

❷全部で200枚あり、この200枚がもとにする量です。白色のカードの割合は38%なので、これを小数に直すと0.38です。

もとにする量の200枚と割合の0.38から比べられる量の白色のカードの枚数を求める問題です。

**比べられる量＝もとにする量×割合**

ですから200×0.38＝76　　　　　答え　76枚

---

練習 2

よし子さんは何冊か本を持っています。それぞれの本の種類の割合は次の帯グラフの通りです。

| 物語 60% | 問題集 20% | 図かん 12% | 辞書 8% |

❶よし子さんは図かんを3冊持っていたそうです。よし子さんは全部で何冊の本を持っていますか。
❷よし子さんは物語を何冊持っていますか。

---

解説と答え

❶図かんの割合は12%で、小数に直すと0.12です。比べられる量の3冊と割合の0.12から、もとにする量の全部の冊数を求める問題です。

**もとにする量＝比べられる量÷割合**

ですから3÷0.12＝25　　　　　答え　25冊

❷❶から、よし子さんは全部で25冊の本を持っています。物語の割合は60%で、小数に直すと0.6です。もとにする量の25冊と割合の0.6から、比べられる量の物語の冊数を求める問題です。

**比べられる量＝もとにする量×割合**

ですから25×0.6＝15　　　　　答え　15冊

# 比の性質

たとえば、5と6の割合を
5:6（5対6と読みます）と表すことができます。
このように表された割合のことを**比**といいます。

比には次の2つの性質があります。
❶**ア：イでアとイに同じ数をかけても比は等しいです。**
❷**ア：イでアとイを同じ数で割っても比は等しいです。**

また、❶と❷の性質を使って、できるだけ小さい整数の比に直すことを「**比をかんたんにする**」といいます。

$$4 : 5 = 20 : 25 \quad (\times 5)$$

4と5のどちらに5をかけても比は等しい

$$18 : 12 = 3 : 2 \quad (\div 6)$$

18と12のどちらを6で割っても比は等しい

**例** 24：18の比をかんたんにする
**24と18の最大公約数の6で割ると比をかんたんにすることができます。**

$$24 : 18 = 4 : 3 \quad (\div 6)$$

---

**練習1**

次の比をかんたんにしなさい。
❶ 15：10　　❷ 63：35　　❸ 32：80

**解説と解答**

❶
$$15 : 10 = \underline{3 : 2} \quad (\div 5)$$
15と10の最大公約数の5で割る。

❷
$$63 : 35 = \underline{9 : 5} \quad (\div 7)$$
63と35の最大公約数の7で割る。

❸
$$32:80 = \underline{2:5} \quad \text{32と80の最大公約数の16で割る。}$$
（÷16）

❸のような問題では、次のように順々に比をかんたんにして求めることもできます。

$$32:80 = 16:40 = 8:20 = 4:10 = \underline{2:5}$$
（÷2 ずつ）

| 練習 2 | 次の比をかんたんにしなさい。<br>❶ 1.6 : 3.6　　❷ $\dfrac{5}{24} : \dfrac{15}{16}$ |
|---|---|

| 解説と答え | **❶ 1.6と3.6をそれぞれ10倍して整数にしてからかんたんにします。**<br>1.6 : 3.6<br>= 1.6 × 10 : 3.6 × 10　←1.6と3.6をそれぞれ10倍する<br>= 16 : 36　　　　　　　←整数の比に直したら、かんたんにする<br>= $\underline{4:9}$<br><br>**❷ 分母の24と16の最小公倍数48をそれぞれの分数にかけると整数の比に直せます。**<br>$\dfrac{5}{24} : \dfrac{15}{16}$<br>= $\dfrac{5}{24} \times 48 : \dfrac{15}{16} \times 48$　←分母の24と16の最小公倍数48をそれぞれにかける<br>= 10 : 45　　　　　　　←整数の比に直したら、かんたんにする<br>= $\underline{2:9}$ |
|---|---|

第1章 比の性質

# 比例式

A：B＝C：Dのように等しい比を
等号（＝）で結んだものを**比例式**といいます。

比例式の内側のBとCを**内項**といい、比例式の外側のAとDを
**外項**といいます。

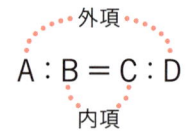

$$A : B = C : D$$

外項
内項

**比の内項の積と外項の積は等しい**という性質があります。
積とはかけ算の答えのことです。

**A：B＝C：DのときB×C＝A×D**

例

外項の積　3×10＝㉚

$$3 : 5 = 6 : 10$$　等しい

内項の積　5×6＝㉚

できた！

**比の内項の積と外項の積は等しい**という性質を使って次のような問題を解くことができます。

| 練習 | 1 | 次の□にあてはまる数を書きなさい。 |
|---|---|---|

❶ $5:8=6:□$  　　　❷ $6.3:□=7:8$
❸ $\dfrac{3}{10}:\dfrac{5}{6}=□:\dfrac{1}{2}$

| 解説 | と |
| 解答 | |

❶ 内項をかけると
$8×6=48$ です。
外項をかけた答えも48になりますから
$5×□=48$ です。
　　$□=48÷5=\underline{9.6}$

❷ 外項をかけると
$6.3×8=50.4$ です。
内項をかけた答えも50.4になりますから
$□×7=50.4$ です。
　　$□=50.4÷7=\underline{7.2}$

❸ 外項をかけると
$\dfrac{3}{10}×\dfrac{1}{2}=\dfrac{3}{20}$ です。
内項をかけた答えも $\dfrac{3}{20}$ になりますから
$\dfrac{5}{6}×□=\dfrac{3}{20}$ です。
　　$□=\dfrac{3}{20}÷\dfrac{5}{6}=\dfrac{3}{20}×\dfrac{6}{5}=\underline{\dfrac{9}{50}}$

## 第9章 速さ

# 速さの表し方

**速さには時速、分速、秒速などがあります。**
**時速…1時間に進む道のりで表した速さ**
**分速…1分間に進む道のりで表した速さ**
**秒速…1秒間に進む道のりで表した速さ**

たとえば、時速40kmとは1時間に40km進む速さを表し、秒速5mとは1秒間に5m進む速さを表しています。

**例**

分速50mを時速□kmに直しなさい。

分速50mというのは「1分間に50m進む」という意味です。時速は1時間、つまり60分にどれだけ進むかということです。1分間に50m進むのですから、60分では
50×60＝3000m つまり3km進むことがわかります。
だから、分速50mは時速3kmです。　　　　　　　　答え　3

### まとめると…

分速50m→1分間に50m進む
時速→1時間つまり60分でどれだけ進むか
50×60＝3000m→時速3km

**練習 1**

次の□にあてはまる数を書きなさい。
❶ 秒速20m＝分速□m＝時速□km
❷ 秒速□m＝分速150m＝時速□km
❸ 秒速□m＝分速□m＝時速18km

|解説|
|答え|

❶ 秒速20m → 1秒間に20m進む
分速→1分間つまり60秒でどれだけ進むか
20 × 60 ＝分速**1200**m

分速1200m → 1分間に1200m進む
時速→1時間つまり60分でどれだけ進むか
1200 × 60 ＝ 72000m →時速**72**km

<u>答え （分速）1200（m）、（時速）72（km）</u>

❷ 分速150m → 1分間つまり60秒に150m進む
秒速→1秒間にどれだけ進むか
150 ÷ 60 ＝秒速**2.5**m

分速150m → 1分間に150m進む
時速→1時間つまり60分でどれだけ進むか
150 × 60 ＝ 9000m →時速**9**km

<u>答え （秒速）2.5（m）、（時速）9（km）</u>

❸ 時速18km → 1時間に18km進む
→ 60分に18000m進む
分速→1分間でどれだけ進むか
18000 ÷ 60 ＝分速**300**m

分速300m → 1分間つまり60秒に300m進む
秒速→1秒間にどれだけ進むか
300 ÷ 60 ＝秒速**5**m

<u>答え （秒速）5（m）、（分速）300（m）</u>

第9章 速さ

# 速さ、道のり、時間の関係

**速さ、道のり、時間の関係は次の面積図で表すことができます。**

速さ＝道のり÷時間
道のり＝速さ×時間
時間＝道のり÷速さ

（面積図：横「速さ」、縦「時間」、面積「道のり」）

---

**例**

次の問いに答えなさい。
❶ 360mの道のりを行くのに15秒かかりました。このときの速さは秒速何mですか。
❷ 時速30kmで2時間進むと何km進みますか。
❸ 5000mを分速125mで行くと何分かかりますか。

---

速さ、道のり、時間の面積図をもとに考えます。

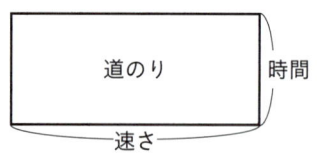

（面積図：横「速さ」、縦「時間」、面積「道のり」）

❶ 面積図より、**道のり÷時間＝速さ**で求められます。

　360m ÷ 15秒 ＝ 秒速24m
　（道のり）（時間）　（速さ）

❷ 面積図より、**速さ×時間＝道のり**で求められます。

　時速30km × 2時間 ＝ 60km
　（速さ）　　（時間）　（道のり）

❸ 面積図より、**道のり÷速さ＝時間**で求められます。

　5000m ÷ 分速125m ＝ 40分
　（道のり）　（速さ）　　（時間）

| 練習 | 1 |

次の問いに答えなさい。

❶ 分速100mで行くと50分かかる場所があります。この場所に分速250mで行くと何分で行けるでしょうか。

❷ 10秒で100mを走る選手と50秒で450mを走る車ではどちらのほうが速いでしょうか。

| 解説 | 答 |

❶ **速さ×時間＝道のり**ですから

分速100m × 50分 ＝ 5000m
　（速さ）　（時間）（道のり）

道のりは5000mであることがわかります。この道のりを分速250mで行くのですから、**道のり÷速さ＝時間**を利用して

5000m ÷ 分速250m ＝ 20分
（道のり）　（速さ）　　（時間）　　　答え　20分

❷ 10秒で100mを走る選手の速さは**道のり÷時間**で求められます。

100m ÷ 10秒 ＝ 秒速10m です。

50秒で450mを走る車の速さも**道のり÷時間**で求められます。

450m ÷ 50秒 ＝ 秒速9m です。

だから10秒で100mを走る選手のほうが車より速いことがわかります。

答え　10秒で100mを走る選手

# 第10章 場合の数

# ならべ方(樹形図の利用)

いくつかのものを順序よく並べる場合、何通りの並べ方があるか調べます。
並べ方を調べるときに樹形図を書くと、順序よく求めることができます。

### 例

[A]、[B]、[C]の3枚のカードがあります。この3枚のカードの並べ方は全部で何通りあるでしょうか。

樹形図を書いて何通りあるか調べます。

## 樹形図の書き方

まず、はじめに[A]をおく並べ方を調べます。はじめに[A]をおくと次には[B]か[C]がおけますから、それを右のように書き表します。

[A]―[B]と並べた場合、残りは[C]だけになります。また、[A]―[C]と並べた場合、残りは[B]だけになります。それを右のように表します。

つまり、はじめに[A]をおく並べ方は2通りあることがわかります。同じようにはじめに[B]をおく並べ方と[C]をおく並べ方を樹形図として書くと右のようになります。

樹形図からはじめに[B]をおく並べ方もはじ

めに[C]をおく並べ方も2通りずつであることがわかります。だから、3枚のカードの並べ方は全部で
2×3＝6通りあることがわかります。　　　　　　　答え　6通り

| 練習 | 1 |

[0]、[1]、[2]、[3]の4枚のカードがあります。この4枚のカードを使って4ケタの整数をつくります。4ケタの整数は全部で何通りできますか。

| 解説 |
| 答え |

千の位における数は[1]、[2]、[3]です。4ケタの整数をつくるので[0]は千の位にはおけません。
まず、千の位に[1]をおく並べ方を考えます。千の位に[1]をおく並べ方を樹形図に表すと次のようになります。

樹形図から千の位に[1]をおく並べ方は6通りあることがわかります。
同じように考えると、千の位に[2]をおく並べ方と千の位に[3]をおく並べ方もそれぞれ6通りあります。だから全部で
6×3＝18通りできることがわかります。
　　　　答え　18通り

# えらび方（組み合わせ方）

いくつかのものの中から、何こか選ぶえらび方（組み合わせ方）について考えます。
並べ方は並べる順序を考えますが、
えらび方は並べる順序を考えません。

**例**

　　A、B、C、Dの4枚のカードがあります。この4枚のカードから3枚選ぶとき、えらび方は全部で何通りあるでしょうか。

A、B、C、Dの4枚のカードから3枚選ぶえらび方を書き出すと次のようになります。
(A、B、C)、(A、B、D)、(A、C、D)、(B、C、D)
以上の4通りです。　　　　　　　　　　　答え　4通り

たとえば、A、B、Cの3枚のカードについて、**並べ方**ならば右の樹形図に表した6通りをそれぞれ区別します。
しかし、**えらび方の場合はこれら6通りを区別せずに1通りと数えます**。選ぶだけですので、並ぶ順序は関係ないからです。

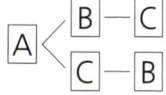

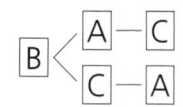

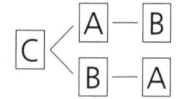

```
A ┬ B ─ C
  └ C ─ B

B ┬ A ─ C
  └ C ─ A

C ┬ A ─ B
  └ B ─ A
```

| 練習 | 1 | Aさん、Bさん、Cさん、Dさん、Eさんの5人の中から2人リーダーを選びたいときに、何通りのえらび方があるでしょうか。 |

| 解答 | 説と え | Aさん、Bさん、Cさん、Dさん、Eさんの5人の中から2人リーダーを選ぶえらび方を書き出すと次のようになります。<br>(A、B)、(A、C)、(A、D)、(A、E)、(B、C)、(B、D)、<br>(B、E)、(C、D)、(C、E)、(D、E)<br>以上の10通りです。　　　　　　　　答え 10通り |

| 練習 | 2 | 1から6まで書いたカードが1枚ずつ、あわせて6枚あります。これら6枚のカードから3枚のカードを選ぶえらび方は何通りあるでしょうか。 |

| 解答 | 説と え | 6枚のカードから3枚のカードを選ぶえらび方を書き出すと次のようになります。<br>(1、2、3)、(1、2、4)、(1、2、5)、(1、2、6)、<br>(1、3、4)、(1、3、5)、(1、3、6)、(1、4、5)、<br>(1、4、6)、(1、5、6)、(2、3、4)、(2、3、5)、<br>(2、3、6)、(2、4、5)、(2、4、6)、(2、5、6)、<br>(3、4、5)、(3、4、6)、(3、5、6)、(4、5、6)<br>以上の20通りです。　　　　　　　　答え 20通り |

# PART2
# 中学校3年分の数学に挑戦！

連立方程式やルートの式、
因数分解に関数のグラフ…
多くの人がつまずくポイントを
わかりやすく解説！
ゆっくりじっくり学んでいこう！

# 正負の数と絶対値

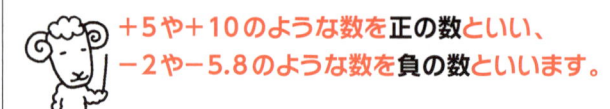

第1章 正負の数

+5や+10のような数を**正の数**といい、
-2や-5.8のような数を**負の数**といいます。

たとえば、**+5は0より5大きい**ことを表します。+は「プラス」と読み、正の符号といいます。たとえば、**-7は0より7小さい**ことを表します。-は「マイナス」と読み、負の符号といいます。

> +5（0より5大きい）
> -7（0より7小さい）

**+5や+10のような数を正の数**といい、**-2や-5.8のような数を負の数**といいます。**正の数と負の数をあわせて正負の数**といいます。0は正でも負でもない数です。

> +5や+10（正の数）←‥‥
> -2や-5.8（負の数）←‥‥ あわせて正負の数

整数には正の整数、0、負の整数があります。正の整数を自然数ともいいます。

整数
…-5, -4, -3, -2, -1, 0, 1, 2, 3, 4, 5…
負の整数           正の整数（自然数）

正負の数を数直線で表すと次のようになります。

―――――――――――――――――――――――
-4  -3  -2  -1  0  +1  +2  +3  +4

PART2●中学校3年分の数学に挑戦！

**0より右側が正の数で左側が負の数**です。

数直線上で、**0からある数までの距離**をその数の**絶対値**といいます。
次の図からわかるように、たとえば、＋4の絶対値は4で、－3の絶対値は3です。

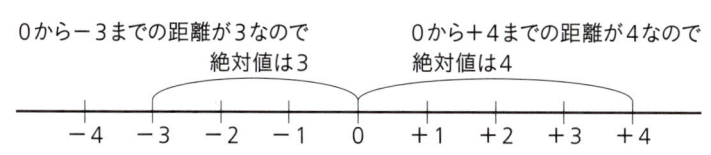

```
0から－3までの距離が3なので        0から＋4までの距離が4なので
      絶対値は3                    絶対値は4
─┬───┬───┬───┬───┬───┬───┬───┬───┬─
 －4 －3 －2 －1  0  ＋1 ＋2 ＋3 ＋4
```

|練習|1|
|---|---|

次の数直線で点Aは＋3と＋4のまん中にある点で、点Bは－2と－3のまん中にある点とします。
❶点A、点Bに対応する数を答えなさい。
❷点A、点Bに対応する数の絶対値を答えなさい。

```
              B                           A
─┬───┬───┬───┬───┬───┬───┬───┬───┬─
 －4 －3 －2 －1  0  ＋1 ＋2 ＋3 ＋4
```

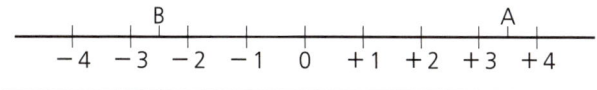

|解説|
|---|
|答え|

❶Aは＋3と＋4のまん中の数なので＋3.5です。
Bは－2と－3のまん中の数なので－2.5です。

<u>　　　　　　　　　答え　Aは＋3.5、Bは－2.5</u>

❷次の図のように数直線上で、0からその数までの距離が絶対値であるので、＋3.5の絶対値は3.5です。
－2.5の絶対値は2.5です。

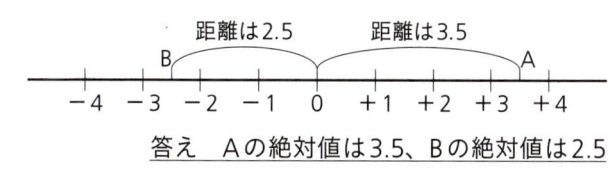

```
           距離は2.5   距離は3.5
            B                        A
─┬───┬───┬───┬───┬───┬───┬───┬───┬─
 －4 －3 －2 －1  0  ＋1 ＋2 ＋3 ＋4
```

<u>　　　答え　Aの絶対値は3.5、Bの絶対値は2.5</u>

# 正負の数のたし算とひき算

同じ符号の数のたし算では
絶対値の和に共通の符号をつけましょう。
違う符号のたし算では
絶対値の大きいほうから小さいほうを引いて、
絶対値の大きいほうの符号をつけましょう。

## 例 1

次の計算をしなさい。
❶ $(+2)+(+5)=$
❷ $(-3)+(-6)=$
❸ $(+1)+(-5)=$
❹ $(-2)+(+14)=$

### 正の数＋正の数、負の数＋負の数の計算

正＋正や負＋負のような同じ符号のたし算では、絶対値の和に共通の符号をつけましょう。
（符号とは＋と－の記号のことです。）

❶ 正の数＋正の数　　$(\boxed{+}2)+(\boxed{+}5)=\boxed{+}(2+5)=\underline{+7}$
共通の符号 ＋　　たす

❷ 負の数＋負の数　　$(\boxed{-}3)+(\boxed{-}6)=\boxed{-}(3+6)=\underline{-9}$
共通の符号 －　　たす

### 正の数＋負の数、負の数＋正の数の計算

正＋負や負＋正のような違う符号のたし算では、絶対値の大きいほうから小さいほうを引き、絶対値が大きいほうの符号をつけましょう。

❸ 正の数＋負の数　　$(+1)+(\boxed{-}5)=\boxed{-}(5-1)=\underline{-4}$
絶対値が大きいほうの符号　　引く

❹ 負の数＋正の数　　　$(-2)+(+14)=+(14-2)=\underline{+12}$

　　　　　　　　　　　　絶対値が大きいほうの符号　　引く

解き方がわかったら、解説をかくして **例1** を自力で解いてみましょう。

---

**例2**　　次の計算をしなさい。
　　❶ $(+2)-(+5)=$　　❷ $(-8)-(-3)=$

---

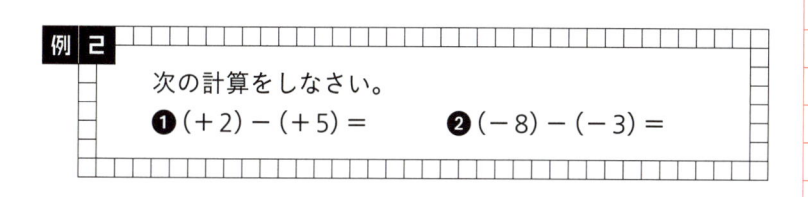

## 正負の数のひき算

正負の数のひき算では、引く数の符号をかえて、たし算に直して計算します。

❶　　$(+2)-(+5)$
　　　　　たし算に直す　符号をかえる
　　$=(+2)+(-5)=-(5-2)=\underline{-3}$

❷　　$(-8)-(-3)$
　　　　　たし算に直す　符号をかえる
　　$=(-8)+(+3)=-(8-3)=\underline{-5}$

解き方がわかったら、解説をかくして **例2** を自力で解いてみましょう。

# 正負の数のかけ算とわり算

同じ符号の数のかけ算では、
絶対値の積に＋をつけます。
違う符号の数のかけ算では、
絶対値の積に－をつけます。
※**積**とはかけ算の答えのことです。

### 例 1

次の計算をしなさい。
❶ $(+3) \times (+2) =$
❷ $(-5) \times (-2) =$
❸ $(+6) \times (-3) =$
❹ $(-2) \times (+4) =$

同じ符号の数のかけ算（**正×正、負×負**）…▶絶対値の積に＋をつける。

❶ $(\underset{正}{+}3) \times (\underset{正}{+}2) = \underset{}{+}(3 \times 2) = +6 = \underline{6}$
　　同じ符号なので＋をつける　　＋ははずしてもよい

❷ $(\underset{負}{-}5) \times (\underset{負}{-}2) = \underset{}{+}(5 \times 2) = +10 = \underline{10}$
　　同じ符号なので＋をつける

違う符号の数のかけ算（**正×負、負×正**）…▶絶対値の積に－をつける。

❸ $(\underset{正}{+}6) \times (\underset{負}{-}3) = \underset{}{-}(6 \times 3) = \underline{-18}$
　　違う符号なので－をつける

❹ $(\underset{負}{-}2) \times (\underset{正}{+}4) = \underset{}{-}(2 \times 4) = \underline{-8}$
　　違う符号なので－をつける

解き方がわかったら、解説をかくして 例1 を自力で解いてみましょう。

> 同じ符号の数のわり算では、
> 絶対値の商に+をつけます。
> 違う符号の数のわり算では、
> 絶対値の商に−をつけます。
> ※商とはわり算の答えのことです。

**例 2**

次の計算をしなさい。
❶ $(+15) \div (+3) =$　　❷ $(-6) \div (-2) =$
❸ $(+14) \div (-2) =$　　❹ $(-10) \div (+2) =$

同じ符号の数のわり算（**正÷正、負÷負**）⋯➤ 絶対値の商に
　+をつける。

❶ $(\underset{正}{+}15) \div (\underset{正}{+}3) = +(15 \div 3) = +5 = \underline{5}$
　同じ符号なので+をつける

❷ $(\underset{負}{-}6) \div (\underset{負}{-}2) = +(6 \div 2) = +3 = \underline{3}$
　同じ符号なので+をつける

違う符号の数のわり算（**正÷負、負÷正**）⋯➤ 絶対値の商に
　−をつける。

❸ $(\underset{正}{+}14) \div (\underset{負}{-}2) = -(14 \div 2) = \underline{-7}$
　違う符号なので−をつける

❹ $(\underset{負}{-}10) \div (\underset{正}{+}2) = -(10 \div 2) = \underline{-5}$
　違う符号なので−をつける

解き方がわかったら、解説をかくして **例 2** を自力で解いてみましょう。

# 正負の数の かけ算とわり算だけの式

正負の数のかけ算と割り算だけの式では次のことが成り立ちます。
もとの式に負の数が奇数個（1、3、5…個）なら、答えは−
もとの式に負の数が偶数個（2、4、6…個）なら、答えは＋

**例** $(+5) \times (-6) \times (-3) = ⊕(5 \times 6 \times 3) = +90 = \underline{90}$

負の数は偶数個（2個）→答えは＋

$(-24) \div (-2) \div (-3) = ⊖(24 \div 2 \div 3) = \underline{-4}$

負の数は奇数個（3個）→答えは−

$10 \div (-\dfrac{5}{6}) \times \dfrac{2}{3}$
$= 10 \times (-\dfrac{6}{5}) \times \dfrac{2}{3}$ — $-\dfrac{5}{6}$の分母分子をひっくり返してかけ算に直す

負の数は奇数個（1個）→答えは−

$= ⊖(10 \times \dfrac{6}{5} \times \dfrac{2}{3}) = \underline{-8}$

| 練習 | 1 |

次の計算をしなさい。
❶ $3 \times 4 \times (-5) =$
❷ $(-32) \div (-2) \div 8 =$
❸ $-5 \times (-6) \div (-2) =$
❹ $\dfrac{2}{5} \times (-5) \div (-\dfrac{4}{25}) =$

| 解答 | 解説 |

❶ $3 \times 4 \times (-5) = -(3 \times 4 \times 5) = -60$
 ↑もとの式に負の数が1つ(奇数)なので答えは−

❷ $(-32) \div (-2) \div 8 = +(32 \div 2 \div 8) = 2$
 ↑もとの式に負の数が2つ(偶数)なので答えは＋

❸ $-5 \times (-6) \div (-2) = -(5 \times 6 \div 2) = -15$
 ↑もとの式に負の数が3つ(奇数)なので答えは−

❹ $\dfrac{2}{5} \times (-5) \div (-\dfrac{4}{25}) = \dfrac{2}{5} \times (-5) \times (-\dfrac{25}{4})$
$= +(\dfrac{2}{5} \times 5 \times \dfrac{25}{4}) = \dfrac{25}{2}$

 ↑もとの式に負の数が2つ(偶数)なので答えは＋
※中学数学では、帯分数は使いません(仮分数のままでOKです)。

第1章 正負の数

# 正負の数の四則のまじった計算

たし算、ひき算、かけ算、割り算をまとめて**四則**といいます。

**四則のまじった計算では次の順序で計算します。**
**かっこの中 → かけ算、割り算 → たし算、ひき算**

**例** $-5+(-7)×4$　◁…かけ算 $(-7)×4$ を先に計算する
$=-5+(-28)$
$=\underline{-33}$

$3×(-7-2)$　◁…かっこの中を先に計算する
$=3×(-9)$
$=\underline{-27}$

| 練習 | 1 | |
|---|---|---|

次の計算をしなさい。
❶ $-6+9\div(-3)=$
❷ $11-5\times(2-5)=$
❸ $-8+2\div(-6+8)=$
❹ $\dfrac{7}{2}+\left(\dfrac{1}{4}-\dfrac{5}{6}\right)\div\dfrac{5}{12}=$

| 解説 | と | |
|---|---|---|
| 答 | え | |

❶ $-6+9\div(-3)$　　⟵ $9\div(-3)$ を先に計算する
$=-6+(-3)$
$=\underline{-9}$

❷ $11-5\times(2-5)$　　⟵ $(2-5)$ を先に計算する
$=11-5\times(-3)$　　⟵ $5\times(-3)$ を計算する
$=11-(-15)$
$=\underline{26}$

❸ $-8+2\div(-6+8)$ ⟵ $(-6+8)$ を先に計算する
$=-8+2\div 2$　　　　⟵ $2\div 2$ を計算する
$=-8+1=\underline{-7}$

❹ $\dfrac{7}{2}+\left(\dfrac{1}{4}-\dfrac{5}{6}\right)\div\dfrac{5}{12}$ ⟵ $\left(\dfrac{1}{4}-\dfrac{5}{6}\right)$ を先に計算する
$=\dfrac{7}{2}+\left(-\dfrac{7}{12}\right)\div\dfrac{5}{12}$　⟵ $\left(-\dfrac{7}{12}\right)\div\dfrac{5}{12}$ を先に計算する
$=\dfrac{7}{2}+\left(-\dfrac{7}{5}\right)$
$=\underline{\dfrac{21}{10}}$

第1章 正負の数

# 累乗とは

同じ数を何個かかけたものを、その数の**累乗**といいます。

$3 \times 3$ は **$3^2$** と表し、「**3の2乗**」と読みます。
$7 \times 7 \times 7 =$ **$7^3$** と表し、「**7の3乗**」と読みます。

7の右上に小さく書いた数3を、**指数**といいます。

$7 \times 7 \times 7 = 7^3$ …指数

7を3回かけている

**例** $(-8) \times (-8) \times (-8) \times (-8) = (-8)^4$
$(-8)$ を4回かけているので、$(-8)^4$ と表します。

$\dfrac{1}{5} \times \dfrac{1}{5} \times \dfrac{1}{5} = \left(\dfrac{1}{5}\right)^3$

$\dfrac{1}{5}$ を3回かけているので $\left(\dfrac{1}{5}\right)^3$ と表します。$\dfrac{1}{5}$ に（かっこ）をつけているのは、$\dfrac{1}{5}$ 全体を3乗しているという意味です。

✖ 間違いの例

$\dfrac{1}{5} \times \dfrac{1}{5} \times \dfrac{1}{5} = \dfrac{1^3}{5}$ とすると分子の1だけ3回かけるという意味になり、間違いです。

| 練 | 習 | 1 |
|---|---|---|

次の式を累乗の指数を使って表しなさい。
❶ $10 \times 10 \times 10 =$
❷ $(-7) \times (-7) =$
❸ $(-\frac{1}{8}) \times (-\frac{1}{8}) \times (-\frac{1}{8}) =$

| 解 | 説 | と |
|---|---|---|
| 答 | え | |

❶ $10 \times 10 \times 10 = 10^3$
❷ $(-7) \times (-7) = (-7)^2$
❸ $(-\frac{1}{8}) \times (-\frac{1}{8}) \times (-\frac{1}{8}) = (-\frac{1}{8})^3$

**例** $(-5)^2 = (-5) \times (-5) = 25$
$-5^2 = -(5 \times 5) = -25$

**$(-5)^2$は$-5$全体に2乗がかかっています。**
**$-5^2$は5だけに2乗がかかっています。**

| 練 | 習 | 2 |
|---|---|---|

次の計算をしなさい。
❶ $(-7)^2 =$　　❷ $-7^2 =$　　❸ $-(-7)^2 =$

| 解 | 説 | と |
|---|---|---|
| 答 | え | |

❶ $(-7)^2 = (-7) \times (-7) = \underline{49}$
　　↑$-7$に2乗がかかっている
❷ $-7^2 = -(7 \times 7) = \underline{-49}$
　　↑7だけに2乗がかかっている
❸ $-(-7)^2 = -\{(-7) \times (-7)\} = \underline{-49}$
　　↑$-7$に2乗がかかっている

## 第2章 文字式

# 文字を使った積の表し方

いろいろな数量を文字を使って表すことを学んでいきます。文字を使って積を表すときは、かけ算の記号×をはぶきます。

文字を使って積を表すときは、次のような決まりがあります。

### ❶ 文字のまじったかけ算では記号×をはぶきます。
例 $a \times b = ab$　　　⋯×をはぶく

### ❷ 文字どうしの積はアルファベット順に書くことが多いです。
例 $c \times a \times d \times b = abcd$　　　⋯アルファベット順に書く

### ❸ 数と文字の積では数を文字の前に書きます。
例 $c \times 5 = 5c$　　　⋯$c5$とするのは間違い

### ❹ 1と文字の積は1をはぶきます。−1と文字の積は−だけ書いて1をはぶきます。
例 $1 \times y = y$　　　⋯$1y$とするのは間違い
　　$-1 \times b = -b$　　　⋯$-1b$とするのは間違い

### ❺ 同じ文字の積は累乗の指数を用いて表します。
例 $x \times x \times (-5) = -5x^2$　　　⋯$x$を2回かけたことを表す
　　$a \times a \times a \times b \times b = a^3 b^2$　　　⋯$a$を3回、$b$を2回かけたことを表す

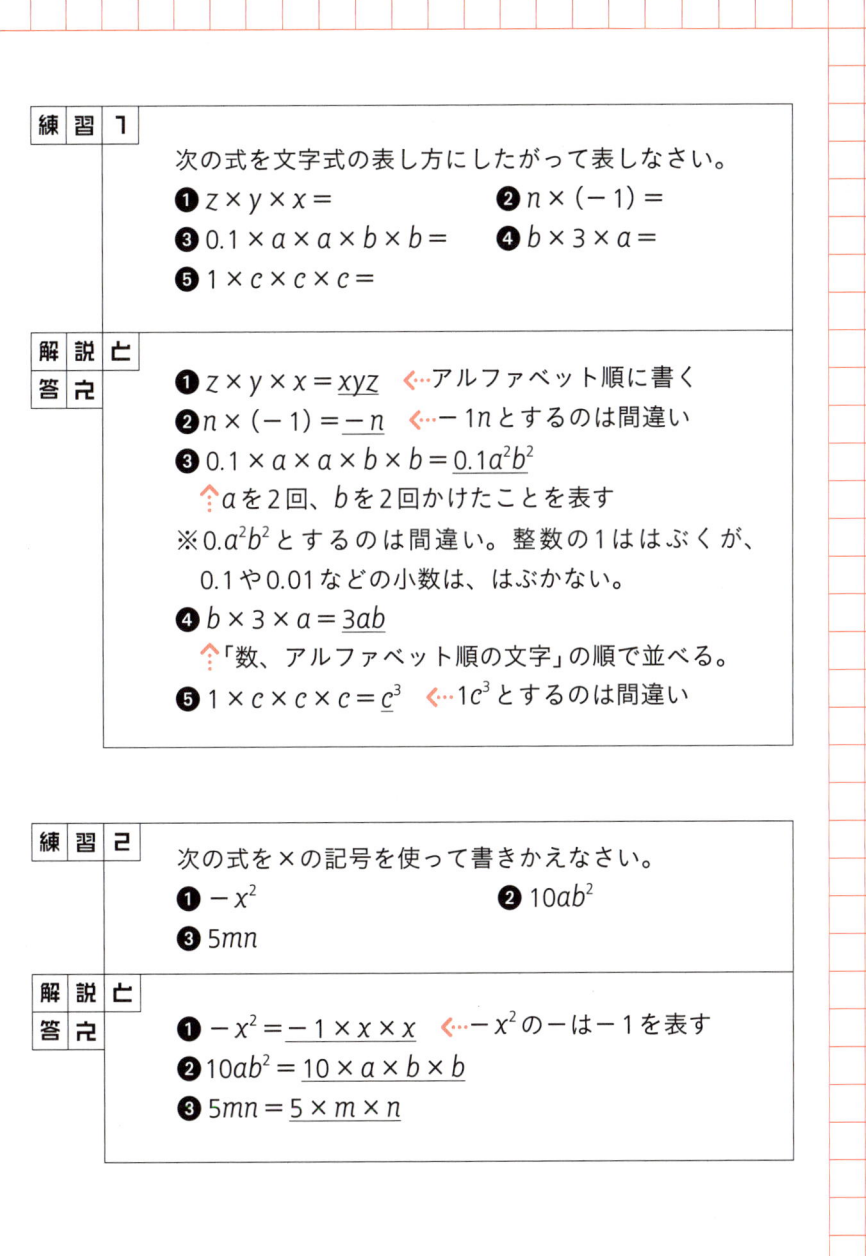

**練習 1**

次の式を文字式の表し方にしたがって表しなさい。
❶ $z \times y \times x =$
❷ $n \times (-1) =$
❸ $0.1 \times a \times a \times b \times b =$
❹ $b \times 3 \times a =$
❺ $1 \times c \times c \times c =$

**解説と答え**

❶ $z \times y \times x = \underline{xyz}$　⇐…アルファベット順に書く
❷ $n \times (-1) = \underline{-n}$　⇐…$-1n$ とするのは間違い
❸ $0.1 \times a \times a \times b \times b = \underline{0.1a^2b^2}$
　↑$a$を2回、$b$を2回かけたことを表す
※ $0.a^2b^2$ とするのは間違い。整数の1ははぶくが、0.1や0.01などの小数は、はぶかない。
❹ $b \times 3 \times a = \underline{3ab}$
　↑「数、アルファベット順の文字」の順で並べる。
❺ $1 \times c \times c \times c = \underline{c^3}$　⇐…$1c^3$ とするのは間違い

**練習 2**

次の式を×の記号を使って書きかえなさい。
❶ $-x^2$
❷ $10ab^2$
❸ $5mn$

**解説と答え**

❶ $-x^2 = \underline{-1 \times x \times x}$　⇐…$-x^2$ の－は－1を表す
❷ $10ab^2 = \underline{10 \times a \times b \times b}$
❸ $5mn = \underline{5 \times m \times n}$

# 文字を使った商の表し方

文字を使って商を表すときは、わり算の記号÷を使わずに、分数のかたちで表します。
○÷□を計算するとき次の公式が成り立ちます。

$$○÷□=\frac{○}{□}$$

**例** ❶ $x÷3=\dfrac{x}{3}$　　　　　⇐…$○÷□=\dfrac{○}{□}$ を利用する

※ $\dfrac{x}{3}$ は $\dfrac{1}{3}x$ と書いてもよい。

❷ $6a÷5=\dfrac{6a}{5}$　　　　　⇐…$○÷□=\dfrac{○}{□}$ を利用する

※ $\dfrac{6a}{5}$ は $\dfrac{6}{5}a$ と書いてもよい。

❸ $-2b÷3=\dfrac{-2b}{3}=-\dfrac{2b}{3}$　⇐…下の※を参照

❹ $y÷(-7)=\dfrac{y}{-7}=-\dfrac{y}{7}$　⇐…下の※を参照

※ ❸や❹のような $\dfrac{-○}{□}$ や $\dfrac{○}{-□}$ のかたちは－を分数の前に出して $-\dfrac{○}{□}$ のかたちに直すことができます。

| 練習 | 1 | 次の式を文字式の表し方にしたがって表しなさい。 |
|---|---|---|

❶ $x \div 2 =$  
❷ $c \div (-5) =$  
❸ $-8 \div b =$  
❹ $3y \div (-2z) =$

| 解答 | 説 | 亡兄 |
|---|---|---|

❶ $x \div 2 = \dfrac{x}{2}$ ←…$\bigcirc \div \square = \dfrac{\bigcirc}{\square}$ を利用する

❷ $c \div (-5) = \dfrac{c}{-5} = -\dfrac{c}{5}$ ←…−は分数の前に出す

❸ $-8 \div b = \dfrac{-8}{b} = -\dfrac{8}{b}$ ←…−は分数の前に出す

❹ $3y \div (-2z) = \dfrac{3y}{-2z} = -\dfrac{3y}{2z}$

　　　　　　　　　　↑…−は分数の前に出す

| 練習 | 2 | 次の式を÷の記号を使って書きかえなさい。 |
|---|---|---|

❶ $\dfrac{b}{7}$　　❷ $-\dfrac{3}{z}$　　❸ $-\dfrac{4y}{3x}$

| 解答 | 説 | 亡兄 |
|---|---|---|

❶ $\dfrac{b}{7} = b \div 7$ ←…$\bigcirc \div \square = \dfrac{\bigcirc}{\square}$ を利用する

❷ $-\dfrac{3}{z} = -3 \div z$ ←…$3 \div (-z)$ でも可

❸ $-\dfrac{4y}{3x} = -4y \div 3x$ ←…$4y \div (-3x)$ でも可

# 単項式と多項式

3xや$5a^2$のように、数や文字のかけ算だけでできている式を**単項式**といいます。$2a+3b+5$のように単項式の和で表される式を**多項式**といいます。

**単項式**…3xや$5a^2$のように、数や文字のかけ算だけでできている式

3xの数の部分の**3**や$5a^2$の数の部分の**5**を**係数**といいます。

**多項式**…$2a+3b+5$のように単項式の和で表される式

多項式で、たし算の記号＋で結ばれた単項式を、多項式の**項**といいます。

$$\underset{項}{2a}+\underset{項}{3b}+\underset{項}{5}$$

$2a+3b+5$の項は $2a$, $3b$, $5$

**例** $5x^2-3y-7$ の項と係数をいいなさい。

$5x^2-3y-7 = 5x^2+(-3y)+(-7)$
であるから
**項は $5x^2$、$-3y$、$-7$**
**$x^2$の係数は5**
**$y$の係数は$-3$**

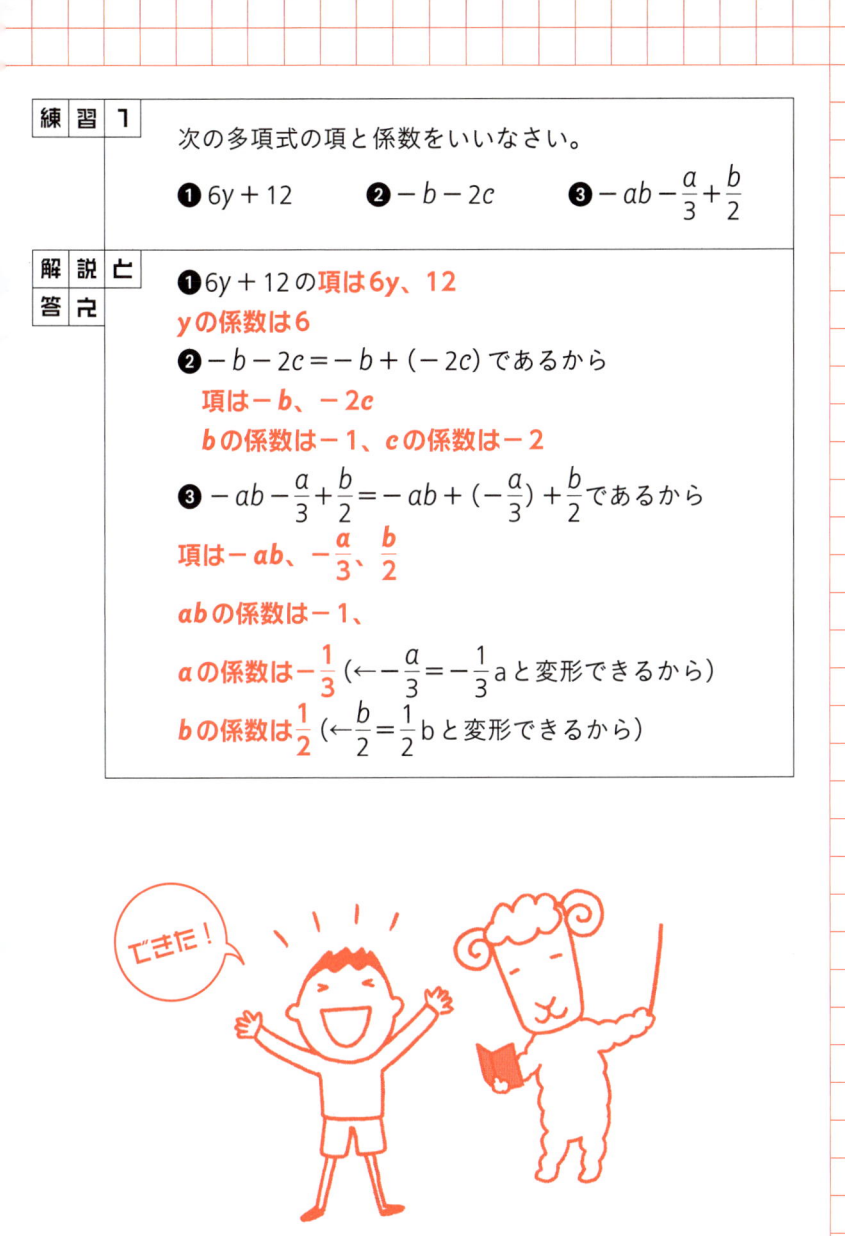

|練習 1| 次の多項式の項と係数をいいなさい。

❶ $6y + 12$　　❷ $-b - 2c$　　❸ $-ab - \dfrac{a}{3} + \dfrac{b}{2}$

|解説|
|答|

❶ $6y + 12$ の**項は $6y$、$12$**

**$y$ の係数は $6$**

❷ $-b - 2c = -b + (-2c)$ であるから

　**項は $-b$、$-2c$**

　**$b$ の係数は $-1$、$c$ の係数は $-2$**

❸ $-ab - \dfrac{a}{3} + \dfrac{b}{2} = -ab + \left(-\dfrac{a}{3}\right) + \dfrac{b}{2}$ であるから

**項は $-ab$、$-\dfrac{a}{3}$、$\dfrac{b}{2}$**

**$ab$ の係数は $-1$、**

**$a$ の係数は $-\dfrac{1}{3}$**（← $-\dfrac{a}{3} = -\dfrac{1}{3}a$ と変形できるから）

**$b$ の係数は $\dfrac{1}{2}$**（← $\dfrac{b}{2} = \dfrac{1}{2}b$ と変形できるから）

# 次数

同じ次数という言葉でも「単項式の次数」と「多項式の次数」では意味が違うのできちんと区別しましょう。

**単項式の次数…かけあわされている文字の個数**
**多項式の次数…それぞれの項の次数のうち、**
**　　　　　　もっとも高いもの**

## ■ 単項式の次数

**単項式の次数は、かけあわされている文字の個数をいいます。**

たとえば、**単項式 $5abc$ の次数は $3$** です。なぜなら
$5abc = 5 \times a \times b \times c$ であり、文字が $3$ つかけられているからです。

たとえば、**$-a^3b^2$ の次数は $5$** です。なぜなら
$-a^3b^2 = -1 \times a \times a \times a \times b \times b$ であり、文字が $5$ つかけられているからです。

| 練習 1 | 次の単項式の次数を答えなさい。<br>❶ $8x$　　　　❷ $-abx$　　　　❸ $23x^2yz$ |
|---|---|
| 解説と解答 | ❶ $8x = 8 \times x$ で文字が $1$ つかけられているので次数は $\underline{1}$ です。<br>❷ $-abx = -1 \times a \times b \times x$ で文字が $3$ つかけられているので次数は $\underline{3}$ です。<br>❸ $23x^2yz = 23 \times x \times x \times y \times z$ で文字が $4$ つかけられているので次数は $\underline{4}$ です。 |

## ■ 多項式の次数

次数が大きい数であることを「**次数が高い**」といいます。
次数が小さい数であることを「**次数が低い**」といいます。

**多項式のそれぞれの項の次数のうち、もっとも高いもの**をその式の次数といいます。

たとえば、多項式 $x^4 + x^2y + y$ の次数を調べます。

$(x^4) + (x^2y) + (y)$

次数 **4**  次数 3  次数 1

一番次数の高い **4** が $x^4 + x^2y + y$ の次数です

項 $x^4$ の次数が 4、項 $x^2y$ の次数が 3、項 $y$ の次数が 1 です。
**項 $x^4$ の次数が一番高いので、次数は 4 となります。**

---

**練習 2**

次の多項式の次数を答えなさい。
❶ $6a + 2c$   ❷ $-7x^2 + x - 5$   ❸ $5xyz + 2xy^2 + y^2$

**解説 ・ 答**

❶ $(6a) + (2c)$

次数 **1**  次数 **1**

次数が同じ 1 のため $6a + 2c$ の次数は **1** です

❷ $(-7x^2) + (x) - 5$

次数 **2**  次数 1

もっとも高い次数は 2 なので $-7x^2 + x - 5$ の次数は **2** です

❸ $(5xyz) + (2xy^2) + (y^2)$

次数 **3**  次数 **3**  次数 **2**

もっとも高い次数は 3 なので $5xyz + 2xy^2 + y^2$ の次数は **3** です

# 第2章 文字式

## 同類項をまとめる

多項式の項の中で、文字の部分が同じ項を「**同類項**」といいます。同類項はまとめることができます。

---

同類項をまとめるときに次の公式を使います。
$○x + □x = (○ + □)x$
$○x − □x = (○ − □)x$

---

**例** $2x + 3x = (2 + 3)x = \underline{5x}$ ⇐…$○x + □x = (○+□)x$を利用

$7a − 3a = (7 − 3)a = \underline{4a}$ ⇐…$○x − □x = (○−□)x$を利用

$\quad 5x + 2y + 3x − 6y$
$= 5x + 3x + 2y − 6y$ ⇐…$x$の同類項と$y$の同類項を分ける
$= (5 + 3)x + (2 − 6)y$ ⇐…同類項をまとめる
$= 8x + (−4)y$
$= \underline{8x − 4y}$ ⇐…これ以上かんたんにできないのでこれが答え

---

**練習 1** 次の計算をしなさい。
❶ $6b − 5b$ ❷ $2x + 4 − 7x − 6$ ❸ $m + n + 6n − m$

**解説と答え**
❶ $6b − 5b = (6 − 5)b = \underline{b}$
❷ $2x + 4 − 7x − 6$
$= 2x − 7x + 4 − 6$ ⇐…$x$の同類項と数の項を分ける
$= (2 − 7)x − 2$ ⇐…同類項をまとめる
$= \underline{−5x − 2}$ ⇐…これ以上かんたんにできないのでこれが答え

❸ $m + n + 6n − m$
$= m − m + n + 6n$ ⇐…$m$の同類項と$n$の同類項を分ける

$= (1-1)m + (1+6)n$  ←…同類項をまとめる
$= \underline{7n}$

次のような複雑な同類項もまとめることができます。

**例** $5y^2 - 3 + 2y^2 - 3y + 9 + y$
$= 5y^2 + 2y^2 - 3y + y - 3 + 9$ ←…同類項で分ける
$= (5+2)y^2 + (-3+1)y + 6$ ←…同類項をまとめる
$= \underline{7y^2 - 2y + 6}$
※$y^2$と$y$は次数が違うので、同類項ではないことに注意します。

$\quad m^2n + 5m - 3m^2 + 5m^2n - 7m^2 + 2m$
$= m^2n + 5m^2n - 3m^2 - 7m^2 + 5m + 2m$ ←…同類項で分ける
$= (1+5)m^2n + (-3-7)m^2 + (5+2)m$ ←…同類項をまとめる
$= \underline{6m^2n - 10m^2 + 7m}$

**練習 2**

次の計算をしなさい。
❶ $a^3 + 2a^2 - 1 + 11a^3 - 15a^2$
❷ $xyz - xy + x^2 - 8x^2 - 9xyz - 5x^2 + xy$

**解説 答**

❶ $a^3 + 2a^2 - 1 + 11a^3 - 15a^2$
$= a^3 + 11a^3 + 2a^2 - 15a^2 - 1$ ←…同類項で分ける
$= (1+11)a^3 + (2-15)a^2 - 1$ ←…同類項をまとめる
$= \underline{12a^3 - 13a^2 - 1}$

❷ $xyz - xy + x^2 - 8x^2 - 9xyz - 5x^2 + xy$
$= xyz - 9xyz + x^2 - 8x^2 - 5x^2 - xy + xy$
↑同類項で分ける
$= (1-9)xyz + (1-8-5)x^2 + (-1+1)xy$
↑同類項をまとめる
$= \underline{-8xyz - 12x^2}$

# 多項式のたし算とひき算

第2章 文字式

多項式のたし算は、かっこをはずして、同類項をまとめます。

**例** $(5x + 2y) + (3x - 6y)$
$= 5x + 2y + 3x - 6y$　　←かっこをはずす
$= (5 + 3)x + (2 - 6)y$　　←同類項をまとめる
$= \underline{8x - 4y}$

そうか！

---

**練習 1** 次の計算をしなさい。
❶ $(-x - 5y) + (2x + y)$
❷ $(2a^2 - a + 1) + (a^2 - a + 5)$

**解説と答え**
❶ $(-x - 5y) + (2x + y)$
$= -x - 5y + 2x + y$　　←かっこをはずす
$= (-1 + 2)x + (-5 + 1)y$　　←同類項をまとめる
$= \underline{x - 4y}$

❷ $(2a^2 - a + 1) + (a^2 - a + 5)$
$= 2a^2 - a + 1 + a^2 - a + 5$　　←かっこをはずす
$= (2 + 1)a^2 + (-1 - 1)a + 1 + 5$
　　　　　　　　　　　　↑同類項をまとめる
$= \underline{3a^2 - 2a + 6}$

> 多項式のひき算は、－の後のかっこの中の
> それぞれの項の符号をかえて、
> かっこをはずし、同類項をまとめます。

※かっこをはずすときに、－の後のかっこの符号をかえるのを
忘れるミスをしないように気をつけましょう。

**例** $(3a - 2b) - (6a + 5b)$
$= 3a - 2b - 6a - 5b$ ◁…かっこをはずすと、かっこの中の
符号がかわる（符号をかえるのを忘れないようにしましょう）
$= (3-6)a + (-2-5)b$ ◁…同類項をまとめる
$= \underline{-3a - 7b}$

| 練習 2 | 次の計算をしなさい。<br>❶ $(-2x + 5y) - (6x - 8y)$<br>❷ $(8a^2 + 5a + 9) - (-9a^2 - 6a + 2)$ |
|---|---|
| 解説と答え | ❶ $(-2x + 5y) - (6x - 8y)$<br>$= -2x + 5y - 6x + 8y$　◁…かっこをはずすと、<br>　　　　　　　　－の後のかっこの中の符号がかわる<br>　　　　　　（符号をかえるのを忘れないようにしましょう）<br>$= (-2-6)x + (5+8)y$　◁…同類項をまとめる<br>$= \underline{-8x + 13y}$<br>❷ $(8a^2 + 5a + 9) - (-9a^2 - 6a + 2)$<br>$= 8a^2 + 5a + 9 + 9a^2 + 6a - 2$　◁…かっこをはずすと、<br>　　　　　　　　－の後のかっこの中の符号がかわる<br>　　　　　　（符号をかえるのを忘れないようにしましょう）<br>$= (8+9)a^2 + (5+6)a + 9 - 2$　◁…同類項をまとめる<br>$= \underline{17a^2 + 11a + 7}$ |

# 単項式×数、単項式÷数

> 単項式×数は、単項式をかけ算に分解し、数は数どうしかけて求めます。

**例** $6x \times 5$
$= 6 \times x \times 5$　　　⇐ 単項式をかけ算に分解する
$= 6 \times 5 \times x$　　　⇐ かけ算はかける順番をかえても成り立つ
$= \underline{30x}$

$-10a \times \dfrac{3}{5}$
$= -10 \times a \times \dfrac{3}{5}$　　⇐ 単項式をかけ算に分解する
$= -10 \times \dfrac{3}{5} \times a$　　⇐ かけ算はかける順番をかえても成り立つ
$= \underline{-6a}$

**練習 1**　次の計算をしなさい。
❶ $12 \times 3y$　　　　❷ $-\dfrac{2}{3}x \times 15$

**解説と答え**

❶ $12 \times 3y$
$= 12 \times 3 \times y$　　　⇐ 単項式をかけ算に分解する
$= \underline{36y}$

❷ $-\dfrac{2}{3}x \times 15$
$= -\dfrac{2}{3} \times x \times 15$　　⇐ 単項式をかけ算に分解する
$= -\dfrac{2}{3} \times 15 \times x$　　⇐ かけ算はかける順番をかえても成り立つ
$= \underline{-10x}$

**単項式÷数は、わり算をかけ算に直して、求めます。**

**例** $32x \div 2$

$= 32x \times \dfrac{1}{2}$ ⟵…わり算をかけ算に直す

$= 32 \times \dfrac{1}{2} \times x$

$= \underline{16x}$

| 練習 2 | 次の計算をしなさい。<br>❶ $-15a \div 3$   ❷ $-12x \div \left(-\dfrac{2}{3}\right)$ |
|---|---|
| 解説と答え | ❶ $-15a \div 3$<br>$= -15a \times \dfrac{1}{3}$ ⟵…わり算をかけ算に直す<br>$= -15 \times \dfrac{1}{3} \times a$<br>$= \underline{-5a}$<br>❷ $-12x \div \left(-\dfrac{2}{3}\right)$<br>$= -12x \times \left(-\dfrac{3}{2}\right)$ ⟵…わり算をかけ算に直す<br>$= -12 \times \left(-\dfrac{3}{2}\right) \times x$<br>$= \underline{18x}$ |

第2章 文字式

# 多項式×数、多項式÷数

多項式×数は、分配法則を使って計算します。
分配法則とは次の法則です。

どちらにもかける
$a(b+c) = ab + ac$

どちらにもかける
$(b+c)a = ab + ac$

**例** ❶ どちらにも5をかける
$5(2x+y) = 5(2x+y)$
$= 5 \times 2x + 5 \times y$
$= \underline{10x + 5y}$

❷ どちらにも−2をかける
$(3a-b) \times (-2) = (3a-b) \times (-2)$
$= 3a \times (-2) + (-b) \times (-2)$
$= \underline{-6a + 2b}$

**練習 1** 次の計算をしなさい。

❶ $-(2m-7)$　　　❷ $(-x+3y) \times \dfrac{2}{3}$

**解説 答**

❶ $-(2m-7)$

どちらにも−1をかける
$= -1 \times (2m-7)$　　←−( )は−1×( )に直すことができる
$= -1 \times 2m + (-1) \times (-7)$
$= \underline{-2m + 7}$

❷ どちらにも$\dfrac{2}{3}$をかける
$(-x+3y) \times \dfrac{2}{3}$
$= -x \times \dfrac{2}{3} + 3y \times \dfrac{2}{3}$
$= \underline{-\dfrac{2}{3}x + 2y}$

> 多項式÷数は、わり算をかけ算に直してから、分配法則を使って計算します。

**例** $(15x + 18y) \div 3$

$= (15x + 18y) \times \dfrac{1}{3}$ ←わり算をかけ算に直す

$= 15x \times \dfrac{1}{3} + 18y \times \dfrac{1}{3}$ ←分配法則を使う

$= \underline{5x + 6y}$

---

**練習2** 次の計算をしなさい。

❶ $(24x - 8) \div 8$  ❷ $(-4a + 2b) \div (-\dfrac{1}{5})$

**解説と答え**

❶ $(24x - 8) \div 8$

$= (24x - 8) \times \dfrac{1}{8}$ ←わり算をかけ算に直す

$= 24x \times \dfrac{1}{8} - 8 \times \dfrac{1}{8}$ ←分配法則を使う

$= \underline{3x - 1}$

❷ $(-4a + 2b) \div (-\dfrac{1}{5})$

$= (-4a + 2b) \times (-5)$ ←わり算をかけ算に直す

$= -4a \times (-5) + 2b \times (-5)$ ←分配法則を使う

$= \underline{20a - 10b}$

# 単項式×単項式、単項式÷単項式

> 単項式×単項式はかけ算に分解して数どうし、文字どうしをかけて求めます。

**例1** 次の計算をしなさい。
❶ $5a \times 3b$  ❷ $8x^2 \times 2x$  ❸ $(-5a)^2$

❶ $5a \times 3b$
$= 5 \times a \times 3 \times b$　　←…かけ算に分解する
$= 5 \times 3 \times a \times b$　　←…かけ算はかける順序をかえても成り立つ
$= \underline{15ab}$

❷ $8x^2 \times 2x$
$= 8 \times x \times x \times 2 \times x$　　←…かけ算に分解する
$= 8 \times 2 \times x \times x \times x$　　←…かけ算はかける順序をかえても成り立つ
$= \underline{16x^3}$

❸ $(-5a)^2$
$= (-5a) \times (-5a)$　　←…かけ算に分解する
$= (-5) \times (-5) \times a \times a$　　←…かけ算はかける順序をかえても成り立つ
$= \underline{25a^2}$

解き方がわかったら、解説をかくして **例1** を自力で解いてみましょう。

> 単項式÷単項式では、数どうし、文字どうしを約分できるときは約分しましょう。

> **例 2**
> 次の計算をしなさい。
> ❶ $12xyz \div (-2xy)$　　❷ $\dfrac{1}{9}x^2y^2 \div \dfrac{2}{3}x$

❶ $12xyz \div (-2xy)$

$= \dfrac{12xyz}{-2xy}$　　　　⟵ $\bigcirc \div \square = \dfrac{\bigcirc}{\square}$ を利用する

$= -\dfrac{12 \times x \times y \times z}{2 \times x \times y}$　　⟵ －を分数の前に出す

$= -\dfrac{\overset{6}{\cancel{12}} \times \cancel{x} \times \cancel{y} \times z}{\underset{1}{\cancel{2}} \times \underset{1}{\cancel{x}} \times \underset{1}{\cancel{y}}}$　　⟵ 数どうし、文字どうしを約分する

$= -6z$

❷ $\dfrac{1}{9}x^2y^2 \div \dfrac{2}{3}x$

$= \dfrac{x^2y^2}{9} \div \dfrac{2x}{3}$　　⟵ 文字を分子に移す

$= \dfrac{x^2y^2}{9} \times \dfrac{3}{2x}$　　⟵ かけ算に直す

$= \dfrac{\overset{1}{\cancel{x}} \times x \times y \times y \times \overset{1}{\cancel{3}}}{\underset{3}{\cancel{9}} \times 2 \times \underset{1}{\cancel{x}}}$　　⟵ 数どうし、文字どうしを約分する

$= \dfrac{xy^2}{6}$

※ $\dfrac{1}{9}x^2y^2 \div \dfrac{2}{3}x$ をかけ算に直すときに $\dfrac{1}{9}x^2y^2 \times \dfrac{3}{2}x$ と $\dfrac{2}{3}$ の分母と分子だけひっくり返すミスをしないように気をつけましょう。正しくは $\dfrac{1}{9}x^2y^2 \div \dfrac{2}{3}x = \dfrac{1}{9}x^2y^2 \times \dfrac{3}{2x}$ です。

解き方がわかったら、解説をかくして **例 2** を自力で解いてみましょう。

# 第2章 文字式

## 代入とは

式の中の文字を数におきかえることを**代入する**といいます。
代入して計算した結果を**式の値**といいます。

### 例 1

$x = 3$ のとき $2x + 25$ の式の値を求めなさい。

$2x + 25$ の $x$ を3におきかえて次のように計算します。**文字（この場合は $x$）を数（この場合は3）におきかえる**ことを**代入**するといいます。

$2x + 25$
$= 2 \times x + 25$
$= 2 \times 3 + 25$　　⇐ $x$ に3を代入する
$= 6 + 25 = \underline{31}$

31が式の値（代入して計算した結果）であることがわかります。

解き方がわかったら、解説をかくして 例1 を自力で解いてみましょう。

### 例 2

$a = -5$ のとき $a^2$ の式の値を求めなさい。

$a^2$ の $a$ を $-5$ におきかえて次のように計算すればよいです。

$a^2 = (-5)^2$　　＜…$a$に－5を代入する。－5はひとまとまり
$= \underline{25}$　　　　　なのでかっこをつける

25 が式の値（代入して計算した結果）であることがわかります。

解き方がわかったら、解説をかくして **例2** を自力で解いてみましょう。

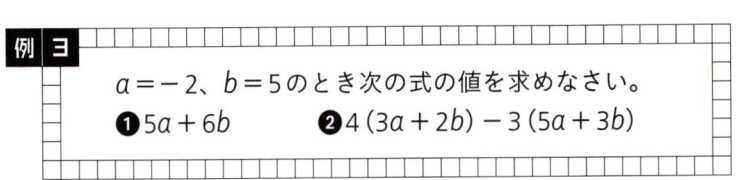

> **例3**
> $a = -2$、$b = 5$ のとき次の式の値を求めなさい。
> ❶ $5a + 6b$　　　❷ $4(3a + 2b) - 3(5a + 3b)$

❶ $5a + 6b$
$= 5 \times (-2) + 6 \times 5$　　＜…$a$に－2、$b$に5を代入する
$= -10 + 30$
$= \underline{20}$

❷ **いきなり代入するのではなく、まず式をかんたんにしてから代入します。**

　$4(3a + 2b) - 3(5a + 3b)$
$= 12a + 8b - 15a - 9b$
$= -3a - b$　　　　　＜…式がかんたんなかたちになった
　　　　　　　　　　　（このあと代入する）
$= -3 \times (-2) - 5$　　＜…$a$に－2、$b$に5を代入する
$= 6 - 5 = \underline{1}$

解き方がわかったら、解説をかくして **例3** を自力で解いてみましょう。

# 公式 $(a+b)(c+d) = ac+ad+bc+bd$

**多項式×多項式は次の公式を使って解きます。**
$(a+b)(c+d) = ac+ad+bc+bd$

$(a+b)(c+d)$ は次のような順で計算しましょう。

$$(a+b)(c+d) = ac + ad + bc + bd$$
①②③④の順

単項式や多項式のかけ算の式をかっこをはずして単項式のたし算のかたちに直すことを「**展開する**」といいます。

### 例 1

次の式を展開しなさい。
❶ $(x+6)(y+2)$   ❷ $(5a-b)(2c+d)$

❶ 次の①〜④の順に解きます。

$$(x+6)(y+2) = xy + 2x + 6y + 12$$

❷ 次の①〜④の順に解きます。

$$(5a-b)(2c+d) = 10ac + 5ad - 2bc - bd$$

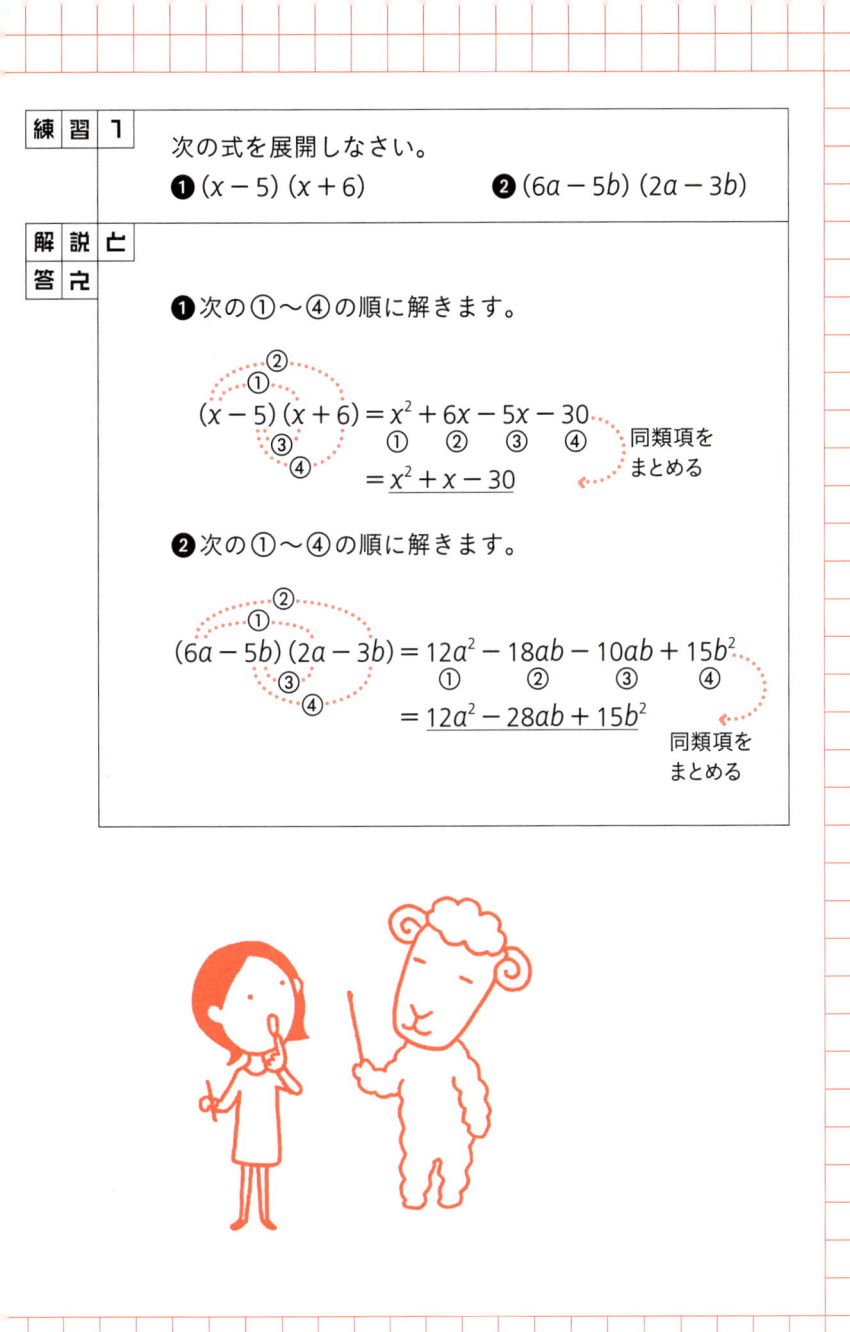

| 練習 | 1 | 次の式を展開しなさい。 |
|---|---|---|

❶ $(x-5)(x+6)$　　❷ $(6a-5b)(2a-3b)$

| 解答 | 説え |
|---|---|

❶ 次の①〜④の順に解きます。

$$(x-5)(x+6) = x^2 + 6x - 5x - 30$$
$$\phantom{(x-5)(x+6)} = \underline{x^2 + x - 30}$$

同類項をまとめる

❷ 次の①〜④の順に解きます。

$$(6a-5b)(2a-3b) = 12a^2 - 18ab - 10ab + 15b^2$$
$$\phantom{(6a-5b)(2a-3b)} = \underline{12a^2 - 28ab + 15b^2}$$

同類項をまとめる

## 第2章 文字式

# 乗法公式

乗法公式（かけ算の公式）はいくつかありますが、まずは次の乗法公式を学びます。

$$(x+a)(x+b) = x^2 + (a+b)x + ab$$
　　　　　　　　　　　　和　　　積

**例 1**

次の式を展開しなさい。
❶ $(x+3)(x+4)$　　❷ $(a-5)(a+2)$

❶と❷のどちらも $(x+a)(x+b) = x^2 + (a+b)x + ab$ の公式を使って展開します。

❶ $(x+3)(x+4) = x^2 + (3+4)x + 3\times 4$
　　　　　　　　　　　3と4の和　　3と4の積

$\phantom{(x+3)(x+4)} = x^2 + 7x + 12$

❷ $(a-5)(a+2) = a^2 + (-5+2)a + (-5)\times 2$
　　　　　　　　　　　−5と2の和　　−5と2の積

$\phantom{(a-5)(a+2)} = a^2 - 3a - 10$

解き方がわかったら、解説をかくして 例1 を自力で解いてみましょう。

---

次に2つの乗法公式を学びましょう。

$$(x+a)^2 = x^2 \oplus 2ax + a^2$$
　　　　　　　　　$a$の2倍　　$a$の2乗

$$(x-a)^2 = x^2 \ominus 2ax + a^2$$
　　　　　　　　　$a$の2倍　　$a$の2乗

### 例 2

次の式を展開しなさい。
❶ $(x+5)^2$  ❷ $(a-3)^2$

❶ $(x+a)^2 = x^2 + 2ax + a^2$ を使って展開します。
$(x+5)^2 = x^2 \underset{\text{5の2倍}}{\oplus 2 \times 5 \times x} + \underset{\text{5の2乗}}{5^2}$

$= \underline{x^2 + 10x + 25}$

❷ $(x-a)^2 = x^2 - 2ax + a^2$ を使って展開します。
$(a-3)^2 = a^2 \underset{\text{3の2倍}}{\ominus 2 \times 3 \times a} + \underset{\text{3の2乗}}{3^2}$

$= \underline{a^2 - 6a + 9}$

解き方がわかったら、解説をかくして 例2 を自力で解いてみましょう。

---

**最後に次の乗法公式を学びましょう。**
$(x+a)(x-a) = x^2 - a^2$

---

### 例 3

次の式を展開しなさい。
$(x+7)(x-7)$

$(x+a)(x-a) = x^2 - a^2$ の公式を使って展開します。
$(x+7)(x-7) = x^2 - 7^2 = \underline{x^2 - 49}$

解き方がわかったら、解説をかくして 例3 を自力で解いてみましょう。

## 第3章 1次方程式

# 等式の性質と方程式

$5x+2=7$ のように＝（等号）で結ばれた式を等式といいます。＝の左の部分を左辺といい、＝の右の部分を右辺といいます。
左辺と右辺をあわせて両辺といいます。

$$5x+2 = 7$$
　　左辺　右辺
　　　両辺

等式には次の性質があります。

> ❶ A＝BならばA＋C＝B＋Cは成り立つ。
> ❷ A＝BならばA－C＝B－Cは成り立つ。
> ❸ A＝BならばAC＝BCは成り立つ。
> ❹ A＝Bならば $\dfrac{A}{C}=\dfrac{B}{C}$ は成り立つ（C≠0）。

つまり、A＝Bが成り立っているとき、両辺に同じ数をたしても、引いても、かけても、割っても等式は成り立つということです。

また、等式には次の性質もあります。

> ❺ A＝BならばB＝A

つまり、等式の両辺を入れかえても等式は成り立つということです。

> 式の文字に代入する値によって、成り立ったり、
> 成り立たなかったりする等式を方程式といいます。

たとえば、$3x + 5 = 14$ について、

$x$ に 1 を代入すると（左辺）＝ $3 \times 1 + 5 = 8$ となり、右辺の 14 と一致しません。

$x$ に 2 を代入すると（左辺）＝ $3 \times 2 + 5 = 11$ となり、右辺の 14 と一致しません。

$x$ に 3 を代入すると（左辺）＝ $3 \times 3 + 5 = 14$ となり、右辺の 14 と一致し、成り立ちます。

このように、**式の文字に代入する値によって成り立ったり、成り立たなかったりする等式を方程式**といいます。

そして、この場合の $x = 3$ のように、方程式を成り立たせる値を方程式の解といいます。方程式の解を求めることを**方程式を解く**、といいます。

たとえば、$3x + 5 = 14$ から $x = 3$ をみちびくことを**方程式を解く**、というのです。

# 方程式の解き方

前のページで習った等式の性質を使って、方程式を解くことができます。

**例 1**

次の方程式を解きなさい。
❶ $x + 5 = 11$　　　❷ $3x = 27$

❶ $x + 5 = 11$

等式の両辺から同じ数を引いても等式は成り立つので、両辺から5を引きます。

$x + 5 - 5 = 11 - 5$

$\underline{x = 6}$

❷ $3x = 27$

等式の両辺を同じ数で割っても等式は成り立つので、両辺を3で割ります。

$$\frac{3x}{3} = \frac{27}{3}$$

$\underline{x = 9}$

解き方がわかったら、解説をかくして 例1 を自力で解いてみましょう。

> ここまで見てきたように等式の性質を使って方程式を解くことができますが、「移項」という考え方を使うとさらにかんたんに方程式を解くことができる場合があります。

**移項**とは、ある項を、符号（＋と－）をかえて、左辺から右辺に、または右辺から左辺に移すことをいいます。

> **例 2**
>
> 次の方程式を解きなさい。
> ❶ $x + 3 = 15$   ❷ $3x = -x + 16$
> ❸ $5x + 2 = -2x - 12$

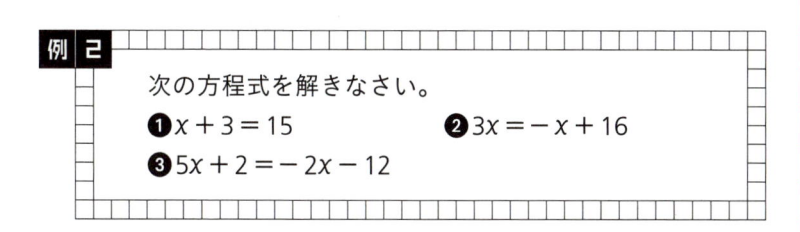

**例2 を解くポイント** →移項の考え方を使って、**文字を含む項は左辺に、数の項を右辺に、それぞれ移項**するとうまく解ける場合が多いです。

❶ $x + 3 = 15$
左辺の $+3$ を符号をかえて
右辺に移項します。

$x \;(+3) = 15$
　　　　＋を－にかえて移項
$x \quad = 15 \;(-3)$
$\underline{x = 12}$

❷ $3x = -x + 16$
右辺の $-x$ を符号を
かえて左辺に移項します。

$3x \quad = (-x) + 16$
　　　　－を＋にかえて移項
$3x (+x) = 16$
$4x = 16$ ……両辺を4で割る…→ $\underline{x = 4}$

❸ $5x + 2 = -2x - 12$
左辺の $+2$ を符号をかえて右辺に移項します。
右辺の $-2x$ を符号をかえて左辺に移項します。

$5x (+2) = (-2x) - 12$

$5x (+2x) = -12 (-2)$
　文字をふくむ項は左辺　　　数の項は右辺

$7x = -14$ ……両辺を7で割る…→ $\underline{x = -2}$

解き方がわかったら、解説をかくして 例2 を自力で解いてみましょう。

# 1次方程式の文章題
## （代金の合計）

1次方程式を利用して、文章題を解きましょう。
まずは代金の合計に関する文章題の
解き方を解説します。

### 例 1

チョコレートを3つと50円のあめを2つ買うと代金は340円でした。チョコレート1つの値段はいくらですか。

ステップ1からステップ3の順で解きましょう。

**ステップ1　まず、求めたいものを$x$とおきます。**
チョコレート1つの値段を$x$円とする。

**ステップ2　方程式をつくります。**
（チョコレート3つの代金）＋（あめ2つの代金）＝（合計代金）
という関係を式に表せば、方程式をつくることができます。

$$3x + 50 \times 2 = 340$$

- $3x$：チョコレート3つの代金
- $50 \times 2$：あめ2つの代金
- $340$：合計代金

**ステップ3　方程式を解きます。**

$$3x + 100 = 340$$
$$3x = 340 - 100$$
$$3x = 240$$
$$x = 80$$

これで$x$が80、つまり、チョコレート1つの値段が80円であ

ることが求まりました。　　　　　　　　　答え　80円

|練習|1|

1本60円のえんぴつと1本110円のボールペンをあわせて20本買うと、代金は1750円でした。えんぴつとボールペンはそれぞれ何本買いましたか。

|解説と答え|

ステップ1からステップ3の順で解きましょう。

**ステップ1 まず、求めたいものを $x$ とおきます。**
買った**えんぴつ**の本数を **$x$ 本**とする。
あわせて20本買ったので、**ボールペン**の本数は**$(20-x)$本**と表すことができます。

**ステップ2 方程式をつくります。**
（えんぴつ $x$ 本の代金）＋（ボールペン $(20-x)$ 本の代金）＝（合計代金）
という関係を式に表せば、方程式をつくることができます。

$$60x + 110(20-x) = 1750$$

えんぴつ　　ボールペン　　合計代金
$x$ 本の代金　$(20-x)$ 本の代金

**ステップ3 方程式を解きます。**
$60x + 2200 - 110x = 1750$
$60x - 110x = 1750 - 2200$
$-50x = -450$
$x = 9$
あわせて20本なのでボールペンの本数は $20-9=$ 11本です。　　答え　えんぴつ9本、ボールペン11本

# 1次方程式の文章題（速さ）

1次方程式を利用して、速さに関する文章題を解きましょう。速さ、時間、道のりの関係をもとにして方程式をつくって解きましょう。

### 例1

たけし君は家から図書館に向かいました。たけし君の出発した5分後に、お母さんがたけし君を追いかけました。たけし君の速さは分速60m、お母さんの速さは分速90mです。このとき、お母さんが出発してから何分後にたけし君に追いつきますか。

ステップ1からステップ3の順で解きましょう。

### ステップ1 まず、求めたいものを$x$とおきます。

お母さんが出発してから$x$分後にたけし君に追いつくとする。

お母さんがたけし君に追いつくまでのようすを図にすると次のようになります。

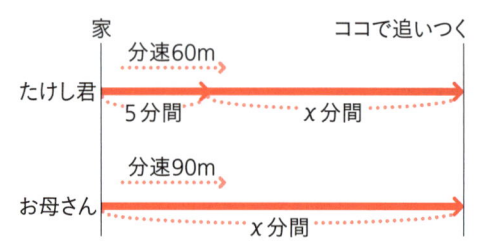

```
         家                    ココで追いつく
           分速60m
たけし君 ┣━━━━━━━━━━━━━━━━━━━━━━━━┫
         5分間      $x$分間

           分速90m
お母さん      ┣━━━━━━━━━━━━━━━━━━━━┫
                   $x$分間
```

**ステップ2 方程式をつくります。**

追いつくまでに、たけし君とお母さんが進んだ道のりは同じなので

**(たけし君が進んだ道のり)＝(お母さんが進んだ道のり)**

となるように方程式をつくります。

**道のり＝速さ×時間、なので**

$$60(5+x) = 90x$$

たけし君の**速さ**　　お母さんの**速さ**
　分速60m　　　　分速90m

たけし君の進んだ**時間**　　お母さんの進んだ**時間**
　　(5+x)分　　　　　　　x分

**ステップ3 方程式を解きます。**

$$300 + 60x = 90x$$
$$60x - 90x = -300$$
$$-30x = -300$$
$$x = 10$$

答え　10分後

解き方がわかったら、解説をかくして 例1 を自力で解いてみましょう。

# 連立方程式の解き方
## （加減法その１）

$$\begin{cases} 2x + 5y = 12 \\ 2x + y = 4 \end{cases}$$

**上の式のように、いくつかの方程式を組み合わせたものを連立方程式といいます。連立方程式の解き方には加減法と代入法がありますが、まず加減法について解説します。**

加減法とは２つの式をたしたり、引いたりして、文字を消去して解く方法です。

### 例 1

次の連立方程式を解きなさい。

$$\begin{cases} 2x + 5y = 12 \\ 2x + y = 4 \end{cases}$$

次のように、上の式を①、下の式を②とします。

$$\begin{cases} 2x + 5y = 12 & \cdots ① \\ 2x + y = 4 & \cdots ② \end{cases}$$

**ポイント ①の2xから②の2xを引くと０になることを利用**します。（$2x - 2x = 0$）

①の両辺から②の両辺を引くと

$$\begin{array}{r} 2x + 5y = 12 \\ -\ )\ 2x + \ y = \ 4 \\ \hline 4y = 8 \end{array}$$

（$4y$ ← $5y-y$、$8$ ← $12-4$）

加減法では、このように筆算のようなかたちで式どうしをたしたり引いたりします。

$4y = 8$
$y = 2$

$y = 2$ を①の式 ($2x + 5y = 12$) に代入すると
$2x + 10 = 12$
$2x = 2$
$x = 1$

これで、$x = 1$、$y = 2$ と求めることができました。

<u>答え　$x = 1$、$y = 2$</u>

### 例 2

次の連立方程式を解きなさい。
$$\begin{cases} 2x - 3y = 21 & \cdots ① \\ 4x + 3y = -3 & \cdots ② \end{cases}$$

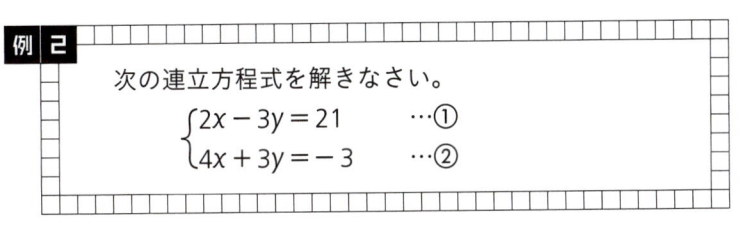

**ポイント** ①の－3yと②の＋3yをたすと0になることを利用

します。（$-3y + (+3y) = 0$）

①の両辺と②の両辺をたすと

$$\begin{array}{r} 2x - 3y = 21 \\ +\underline{)\ 4x + 3y = -3} \\ 6x\phantom{- 3y} = 18 \end{array}$$

$6x$ ← $2x + 4x$
$18$ ← $21 + (-3)$

$x = 3$

$x = 3$ を①に代入すると
$6 - 3y = 21$
$-3y = 15$
$y = -5$

<u>答え　$x = 3$、$y = -5$</u>

解き方がわかったら、解説をかくして **例1** と **例2** を自力で解いてみましょう。

# 連立方程式の解き方
## （加減法その2）

$$\begin{cases} 2x + y = 5 \\ 3x + 2y = 8 \end{cases}$$

上の式のように、2つの式の両辺をたしたり、引いたりするだけでは文字が消去できない場合の加減法について解説します。

**例** $\begin{cases} 2x + y = 5 & \cdots① \\ 3x + 2y = 8 & \cdots② \end{cases}$

**ポイント** ①の両辺を2倍すれば、どちらの式にも2yができるので加減法で解くことができます。

①の $2x + y = 5$ の両辺を2倍すると
$$(2x + y) \times 2 = 5 \times 2$$
つまり、$4x + 2y = 10$ となります。

①×2－②
$$\begin{array}{r} 4x + 2y = 10 \\ -\underline{)\ 3x + 2y =\ 8} \\ x\phantom{+2y}\ =\ 2 \end{array}$$

$x = 2$ を①に代入すると
$$4 + y = 5$$
$$y = 1$$

答え　$x = 2$、$y = 1$

**例** $\begin{cases} 5x + 3y = 9 & \cdots① \\ 7x - 2y = 25 & \cdots② \end{cases}$

**ポイント** ①の両辺を2倍して、②の両辺を3倍すれば、＋6yと－6yができるので加減法で解くことができます。

①×2+②×3
$$10x + 6y = 18$$
$$+\ )\ 21x - 6y = 75$$
$$\overline{31x\qquad = 93}$$

$x = 3$

$x = 3$を①に代入すると

$15 + 3y = 9$
$3y = -6$
$y = -2$

　　　　　　　　　答え　$x = 3$、$y = -2$

| 練習 | 1 | 次の連立方程式を解きなさい。 $\begin{cases} 4x + 9y = -2 \\ 3x - 8y = -31 \end{cases}$ |

| 解説と答え | $\begin{cases} 4x + 9y = -2 & \cdots ① \\ 3x - 8y = -31 & \cdots ② \end{cases}$ |

**ポイント** ①の両辺を3倍して、②の両辺を4倍すれば、どちらの式にも$12x$ができるので加減法で解くことができます。

①×3 − ②×4

$$12x + 27y = -6$$
$$-\ )\ 12x - 32y = -124$$
$$\overline{\qquad 59y = 118}$$

$y = 2$

$y = 2$を①に代入すると

$4x + 18 = -2$
$4x = -20$
$x = -5$　　　答え　$x = -5$、$y = 2$

# 連立方程式の解き方（代入法）

連立方程式のもうひとつの解き方、代入法について学んでいきます。
代入法では代入によって文字を消去して解きます。

**例** $\begin{cases} 3x + 2y = -1 \cdots ① \\ x = y + 8 \quad \cdots ② \end{cases}$

**ポイント** ②の式を①に代入して$x$を消去して解きます。

②を①に代入すると
$3(y + 8) + 2y = -1$　　←…$x$があったところに$y + 8$を入れる
$3y + 24 + 2y = -1$
$5y = -25$
$y = -5$
$y = -5$を②に代入して
$x = -5 + 8 = 3$　　　　　　　　　　　答え　$x = 3$、$y = -5$

**ポイント** 連立方程式を解く際に、加減法と代入法のどちらで解くほうが解きやすいか考えながら、それぞれの方法を使い分けるようにしましょう。

---

**練習 1** 次の連立方程式を解きなさい。

❶ $\begin{cases} y = -x - 11 \\ x - 9y = -1 \end{cases}$ 　　❷ $\begin{cases} 2x + 3y = 33 \\ 2x = 5y - 7 \end{cases}$

**解説と答え**

❶ $\begin{cases} y = -x - 11 \cdots ① \\ x - 9y = -1 \cdots ② \end{cases}$

**ポイント** ①の式を②に代入して**y**を消去して解きます。

①を②に代入すると
$$x - 9(-x - 11) = -1$$
$$x + 9x + 99 = -1$$
$$10x = -100$$
$$x = -10$$

$x = -10$を①に代入すると
$$y = 10 - 11 = -1$$

<u>答え　$x = -10$、$y = -1$</u>

❷ $\begin{cases} 2x + 3y = 33 & \cdots ① \\ 2x = 5y - 7 & \cdots ② \end{cases}$

**ポイント** ②の式を①に代入して**x**を消去して解きます。

②を①に代入すると
$$(5y - 7) + 3y = 33$$
$$8y - 7 = 33$$
$$8y = 40$$
$$y = 5$$

$y = 5$を②に代入すると
$$2x = 25 - 7 = 18$$
$$x = 9$$

<u>答え　$x = 9$、$y = 5$</u>

# 連立方程式の文章題
## (代金の合計)

> 連立方程式の文章題も、
> 1次方程式の文章題と同じように求めたいものを
> 文字において、式をつくって解きます。

**例 1**

100円のクッキーと150円のチョコレートをあわせて12個買いました。代金の合計は1550円でした。クッキーとチョコレートをそれぞれ何個買いましたか。

**ステップ1 まず、求めたいものを $x$ と $y$ とおきます。**

クッキーを $x$ 個、チョコレートを $y$ 個買ったとする。

**ステップ2 連立方程式をつくります。**

あわせて12個買ったのだから
$x + y = 12$

100円のクッキーを $x$ 個買ったので、クッキーの合計代金は
$100 \times x = \mathbf{100x}$ (円)
150円のチョコレートを $y$ 個買ったので、チョコレートの合計代金は
$150 \times y = \mathbf{150y}$ (円)

クッキーとチョコレートの代金の合計は **1550円** だから
$100x + 150y = 1550$

これにより、次の連立方程式をつくることができます。
$$\begin{cases} x + y = 12 & \cdots ① \\ 100x + 150y = 1550 & \cdots ② \end{cases}$$

**ステップ3** 連立方程式を解きます。

② − ① × 100

$$\begin{array}{r} 100x + 150y = 1550 \\ -\phantom{)}\underline{)\,100x + 100y = 1200\,} \\ 50y = \phantom{0}350 \end{array}$$

※① × 100 − ②でも解けますが、① × 100 − ②を計算すると −50y = −350と負の数が出てきます。計算した結果に正の数が出てくるように② − ① × 100としました。

$y = 7$

$y = 7$を①に代入すると

$x + 7 = 12$

$x = 5$　　　答え　クッキー5個、チョコレート7個

解き方がわかったら、解説をかくして **例1** を自力で解いてみましょう。

# 連立方程式の文章題(速さ)

連立方程式の速さに関する文章題も、よく出題されます。速さ、道のり、時間の関係をもとに連立方程式をつくって解きましょう。

## 例 1

家から18km離れたデパートまで行きます。家からデパートに行く途中に公園があります。家から公園までは時速4kmで進み、公園からデパートまでは時速3kmで進んだら、合計で5時間かかりました。家から公園までの道のりと公園からデパートまでの道のりはそれぞれ何kmですか。

**ステップ1** まず、求めたいものを $x$ と $y$ とおきます。

家から公園までの道のりを $x$ km、公園からデパートまでの道のりを $y$ km とおきます。

**ステップ2** 速さの文章題では次のように線分図に速さ、道のり、時間の関係を書き込むと考えやすくなります。

```
           ←―――――― 18km ――――――→
        家              公園    デパート
        ├── 時速4km ──┼── 時速3km ─┤
        ├─── xkm ────┼──── ykm ───┤
            合計で5時間かかった
```

**ステップ3** 連立方程式をつくります。

家から公園までの道のり($x$ km)と公園からデパートまでの道のり($y$ km)の合計は18kmなので

$$x + y = 18$$

**時間＝道のり÷速さ**、なので

家から公園までにかかった時間は

$$x \div 4 = \frac{x}{4} 時間$$

公園からデパートまでにかかった時間は

$$y \div 3 = \frac{y}{3} 時間$$

その合計が5時間なので

$$\frac{x}{4} + \frac{y}{3} = 5$$

これにより、次の連立方程式をつくることができます。

$$\begin{cases} x + y = 18 & \cdots ① \\ \frac{x}{4} + \frac{y}{3} = 5 & \cdots ② \end{cases}$$

**ステップ4** 連立方程式を解きます。

②のような分数の方程式の場合、分母の4と3の最小公倍数の12を両辺にかけて、整数に直します。

②の両辺に12をかけると

$$3x + 4y = 60 \cdots ③$$

③ − ① × 3

$$\begin{array}{r} 3x + 4y = 60 \\ -\underline{)\ 3x + 3y = 54} \\ y = \phantom{0}6 \end{array}$$

$y = 6$

$y = 6$ を①に代入すると

$$x + 6 = 18$$
$$x = 12$$

答え　家から公園までの道のりは12km、公園からデパートまでの道のりは6km

解き方がわかったら、解説をかくして **例1** を自力で解いてみましょう。

## 第5章 平方根

# 平方根とは(1)

2乗すると$x$になる数を$x$の平方根といいます。
たとえば、4を2乗すると$4^2=16$になります。
$-4$を2乗すると$(-4)^2=16$になります。
このとき、4と$-4$を16の平方根といいます。

### 例 1

次の数の平方根を答えなさい。
❶ 36  ❷ $\dfrac{9}{25}$

❶ $6^2=36$、$(-6)^2=36$ですから
36の平方根は **6と$-6$** です。

❷ $\left(\dfrac{3}{5}\right)^2=\dfrac{9}{25}$、$\left(-\dfrac{3}{5}\right)^2=\dfrac{9}{25}$ですから
$\dfrac{9}{25}$の平方根は **$\dfrac{3}{5}$と$-\dfrac{3}{5}$** です。

---

平方根には次の3つの性質があります。
❶ 正の数には平方根が2つあります。この2つの数は絶対値が等しく、符号が異なります。
❷ 0の平方根は0だけしかありません。
❸ 負の数に平方根はありません。

---

ある正の数$x$の平方根は正と負の2つあります。
**平方根の正のほうを$\sqrt{x}$**
**平方根の負のほうを$-\sqrt{x}$**
と表します。
$\sqrt{\phantom{x}}$は**根号**といい、**ルート**と読みます。たとえば、$\sqrt{x}$は「ルート$x$」と読みます。

### 例 2

5の平方根を答えなさい。

5の平方根は $\sqrt{5}$ と $-\sqrt{5}$ です。

$\sqrt{5}$ と $-\sqrt{5}$ をあわせて $\pm\sqrt{5}$（読み方はプラスマイナスルート5）と表すこともできます。

---

### 練習 1

次の数の平方根を答えなさい。必要ならば根号を用いて答えなさい。

❶ 3　　❷ 25　　❸ $\dfrac{16}{49}$　　❹ 0.01　　❺ 2.3

### 解説と答

❶ 3の平方根は $\sqrt{3}$ と $-\sqrt{3}$ です。あわせて $\pm\sqrt{3}$ と表すこともできます。

❷ 25の平方根は 5 と -5 です。あわせて $\pm 5$ と表すこともできます。

※ $\sqrt{25}$ と $-\sqrt{25}$（あわせて $\pm\sqrt{25}$）と答えた場合は不正解です。根号を使わずに表せる場合は、根号を使わずに表して正解となります。

❸ $\dfrac{16}{49}$ の平方根は $\dfrac{4}{7}$ と $-\dfrac{4}{7}$ です。あわせて $\pm\dfrac{4}{7}$ と表すこともできます。

❹ 0.01の平方根は 0.1 と -0.1 です。あわせて $\pm 0.1$ と表すこともできます。

❺ 2.3の平方根は $\sqrt{2.3}$ と $-\sqrt{2.3}$ です。あわせて $\pm\sqrt{2.3}$ と表すこともできます。

# 第5章 平方根

## 平方根とは(2)

たとえば、$\sqrt{9}$は「9の平方根の正のほう」という意味ですから$\sqrt{9}=3$と表すことができます。
たとえば、$-\sqrt{9}$は「9の平方根の負のほう」という意味ですから$-\sqrt{9}=-3$と表すことができます。

### 例 1

次の数を根号を使わずに表しなさい。
❶ $\sqrt{4}$　　❷ $-\sqrt{81}$

❶ $\sqrt{4}$は「4の平方根の正のほう」ですから$\sqrt{4}=\underline{2}$
❷ $-\sqrt{81}$は「81の平方根の負のほう」ですから$-\sqrt{81}=\underline{-9}$

### 練習 1

次の数を根号を使わずに表しなさい。
❶ $\sqrt{100}$　❷ $-\sqrt{64}$　❸ $-\sqrt{\dfrac{25}{16}}$　❹ $\sqrt{0.04}$

### 解説と解答

❶ $\sqrt{100}$は「100の平方根の正のほう」ですから
$\sqrt{100}=\underline{10}$
❷ $-\sqrt{64}$は「64の平方根の負のほう」ですから
$-\sqrt{64}=\underline{-8}$
❸ $-\sqrt{\dfrac{25}{16}}$は「$\dfrac{25}{16}$の平方根の負のほう」ですから
$-\sqrt{\dfrac{25}{16}}=\underline{-\dfrac{5}{4}}$
❹ $\sqrt{0.04}$は「0.04の平方根の正のほう」ですから
$\sqrt{0.04}=\underline{0.2}$

たとえば、5の平方根は$\sqrt{5}$と$-\sqrt{5}$です。つまり、$\sqrt{5}$を2乗すると5になり、$-\sqrt{5}$を2乗すると5になるということです。
$(\sqrt{5})^2 = 5$、　$(-\sqrt{5})^2 = 5$

この例からわかるように次の公式が成り立ちます。
$(\sqrt{a})^2 = a$
$(-\sqrt{a})^2 = a$

| 例 2 | 次の数を根号を使わずに表しなさい。 |
|---|---|
| | ❶ $(\sqrt{15})^2$　　　❷ $(-\sqrt{6})^2$ |

❶ $(\sqrt{a})^2 = a$ の公式より
$(\sqrt{15})^2 = \underline{15}$
❷ $(-\sqrt{a})^2 = a$ の公式より
$(-\sqrt{6})^2 = \underline{6}$

| 練習 2 | 次の数を根号を使わずに表しなさい。 |
|---|---|
| | ❶ $(\sqrt{10})^2$　　❷ $(-\sqrt{5})^2$　　❸ $-(-\sqrt{17})^2$ |
| 解説 答 | ❶ $(\sqrt{a})^2 = a$ の公式より<br>　$(\sqrt{10})^2 = \underline{10}$<br>❷ $(-\sqrt{a})^2 = a$ の公式より<br>　$(-\sqrt{5})^2 = \underline{5}$<br>❸ $(-\sqrt{a})^2 = a$ の公式より<br>　$-(-\sqrt{17})^2 = \underline{-17}$ |

# 素因数分解とは

> たとえば、3は約数が1と3の2つだけです。
> 1とその数のほかに約数がない数を
> 「素数」といいます。数を素数の積に分解することを
> 「素因数分解」といいます。

素数は「約数が2つだけの数」ということもできます。1は素数ではありません。素数を小さい順に並べると
2、3、5、7、11、13、17、19…（さらに続く）となります。

**例 1** 60を素因数分解しなさい。

次のような方法で素因数分解（素数の積に分解すること）することができます。

① 60を割り切ることができる素数を探します。60は2で割り切れるので、次のように60を2で割ります。

$$2 \overline{)60}$$
$$\phantom{2)}30 \leftarrow 60 \div 2 \text{の答え}$$

② 次に30を割り切ることができる素数を探します。30は2で割り切れるので、次のようにします。

$$2 \overline{)60}$$
$$2 \overline{)30}$$
$$\phantom{2)}15 \leftarrow 30 \div 2 \text{の答え}$$

③ 次に15を割り切ることができる素数を探します。15は3で割り切れるので、次のようにします。

```
2 ) 60
2 ) 30     5は素数なので、
3 ) 15     素数が出てきたら
    ⑤     割るのを終了します。
     ← 15÷3の答え
```

④ 15÷3＝5 で 5 は素数なので、素因数分解はここで終了です。

```
2 ) 60
2 ) 30
3 ) 15
     5
```

$60 = 2 \times 2 \times 3 \times 5$
 $\quad = 2^2 \times 3 \times 5$ ← 素因数分解の結果

このように、数を素数で割っていき素数が出てきたら、そこで素因数分解は終了です。

答え　$2^2 \times 3 \times 5$

※ちなみに後で習う「因数分解」と今回の「素因数分解」は別のものです。

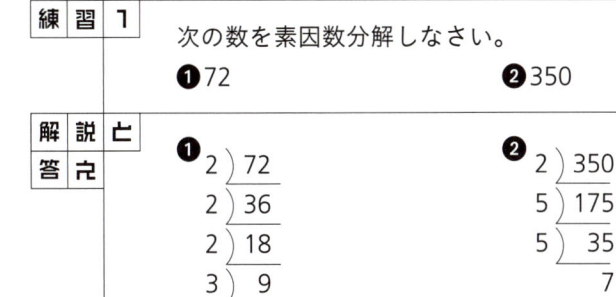

| 練習 1 | 次の数を素因数分解しなさい。|
|---|---|
| | ❶ 72　　❷ 350 |

**解説・解答**

❶
```
2 ) 72
2 ) 36
2 ) 18
3 )  9
     3
```
$72 = 2 \times 2 \times 2 \times 3 \times 3$
$\quad = 2^3 \times 3^2$

❷
```
2 ) 350
5 ) 175
5 )  35
     7
```
$350 = 2 \times 5 \times 5 \times 7$
$\quad\, = 2 \times 5^2 \times 7$

# 第5章 平方根

## 平方根のかけ算とわり算

**平方根のかけ算の公式** $\sqrt{a} \times \sqrt{b} = \sqrt{ab}$

**平方根のわり算の公式** $\sqrt{a} \div \sqrt{b} = \dfrac{\sqrt{a}}{\sqrt{b}} = \sqrt{\dfrac{a}{b}}$

平方根のかけ算とわり算は上の公式を使って計算します。

### 例 1

次の計算をしなさい。
❶ $\sqrt{5} \times \sqrt{2}$　　　❷ $\sqrt{24} \div \sqrt{6}$

❶ $\sqrt{5} \times \sqrt{2} = \sqrt{5 \times 2}$　　◁…$\sqrt{a} \times \sqrt{b} = \sqrt{ab}$ を利用
　　　　　　　$= \sqrt{10}$

❷ $\sqrt{24} \div \sqrt{6} = \dfrac{\sqrt{24}}{\sqrt{6}} = \sqrt{\dfrac{24}{6}}$　　◁…$\sqrt{a} \div \sqrt{b} = \dfrac{\sqrt{a}}{\sqrt{b}} = \sqrt{\dfrac{a}{b}}$ を利用
　　　　　　　$= \sqrt{4}$
　　　　　　　$= \underline{2}$

### 練習 1

次の計算をしなさい。
❶ $\sqrt{32} \times \sqrt{2}$　　　❷ $\sqrt{18} \div \sqrt{3}$

**解説解答**

❶ $\sqrt{32} \times \sqrt{2}$
　$= \sqrt{32 \times 2}$　　◁…$\sqrt{a} \times \sqrt{b} = \sqrt{ab}$ を利用
　$= \sqrt{64}$
　$= \underline{8}$

❷ $\sqrt{18} \div \sqrt{3}$
　$= \dfrac{\sqrt{18}}{\sqrt{3}} = \sqrt{\dfrac{18}{3}}$　　◁…$\sqrt{a} \div \sqrt{b} = \dfrac{\sqrt{a}}{\sqrt{b}} = \sqrt{\dfrac{a}{b}}$ を利用
　$= \underline{\sqrt{6}}$

$a\sqrt{b}$ は $\sqrt{a^2 b}$ に直すことができます。
$a\sqrt{b} = \sqrt{a^2 b}$

**例 2**

次の数を $\sqrt{a}$ のかたちに直しなさい。

❶ $2\sqrt{6}$　　　❷ $\dfrac{\sqrt{27}}{3}$

❶ $2\sqrt{6} = \sqrt{2^2 \times 6}$　　⟵ $a\sqrt{b} = \sqrt{a^2 b}$ を利用
　　　　　$= \sqrt{24}$

❷ $\dfrac{\sqrt{27}}{3} = \dfrac{\sqrt{27}}{\sqrt{9}}$　　⟵ $3 = \sqrt{9}$ を利用

　　　　$= \sqrt{\dfrac{27}{9}}$　　⟵ $\dfrac{\sqrt{a}}{\sqrt{b}} = \sqrt{\dfrac{a}{b}}$ を利用

　　　　$= \sqrt{3}$

**練習 2**

次の数を $\sqrt{a}$ のかたちに直しなさい。

❶ $3\sqrt{2}$　　　❷ $\dfrac{\sqrt{50}}{5}$

**解答 解説**

❶ $3\sqrt{2} = \sqrt{3^2 \times 2}$　　⟵ $a\sqrt{b} = \sqrt{a^2 b}$ を利用
　　　　　$= \sqrt{18}$

❷ $\dfrac{\sqrt{50}}{5} = \dfrac{\sqrt{50}}{\sqrt{25}}$　　⟵ $5 = \sqrt{25}$ を利用

　　　　$= \sqrt{\dfrac{50}{25}}$　　⟵ $\dfrac{\sqrt{a}}{\sqrt{b}} = \sqrt{\dfrac{a}{b}}$ を利用

　　　　$= \sqrt{2}$

## $a\sqrt{b}$ の形への変形

$a\sqrt{b}$ を $\sqrt{a^2b}$ のかたちに変形することは前のページで習いました。今回は $\sqrt{a^2b}$ を $a\sqrt{b}$ のかたちに変形することを学んでいきましょう。次の公式を使って変形します。$\sqrt{a^2b} = a\sqrt{b}$

### 例 1

次の数を $a\sqrt{b}$ のかたちに直しなさい。$b$ はできるだけ小さい数にしなさい。
❶ $\sqrt{28}$　　❷ $\sqrt{72}$

❶ $\sqrt{28}$ を $a\sqrt{b}$ のかたちに直すために、まず28を素因数分解します。
これにより $\sqrt{28} = \sqrt{2 \times 2 \times 7}$ であることがわかります。

$$\sqrt{28} = \sqrt{2 \times 2 \times 7}$$
$$= \sqrt{2^2 \times 7}$$
$$= \underline{2\sqrt{7}} \quad \Leftarrow \sqrt{a^2b} = a\sqrt{b} \text{ を利用}$$

```
2 ) 28
2 ) 14
    7
```

❷ $\sqrt{72}$ を $a\sqrt{b}$ のかたちに直すために、まず72を素因数分解します。
これにより $\sqrt{72} = \sqrt{2 \times 2 \times 2 \times 3 \times 3}$ であることがわかります。

$$\sqrt{72} = \sqrt{2 \times 2 \times 2 \times 3 \times 3}$$
$$= \sqrt{3 \times 2 \times 3 \times 2 \times 2}$$

かけ算はかける順をかえても成り立つ。

$$= \sqrt{6 \times 6 \times 2}$$
$$= \sqrt{6^2 \times 2}$$
$$= \underline{6\sqrt{2}} \quad \Leftarrow \sqrt{a^2b} = a\sqrt{b} \text{ を利用}$$

```
2 ) 72
2 ) 36
2 ) 18
3 ) 9
    3
```

|練習|1| 次の数を $a\sqrt{b}$ のかたちに直しなさい。
❶ $\sqrt{8}$　　　　　　❷ $\sqrt{300}$

|解説と答え|

❶ $\sqrt{8}$ を $a\sqrt{b}$ のかたちに直すために、まず8を素因数分解します。

$$\begin{array}{r|r} 2 & 8 \\ \hline 2 & 4 \\ \hline & 2 \end{array}$$

これにより $\sqrt{8} = \sqrt{2\times2\times2}$ であることがわかります。

$\sqrt{8} = \sqrt{2\times2\times2}$
　　$= \sqrt{2^2\times2}$
　　$= \underline{2\sqrt{2}}$　　◁… $\sqrt{a^2 b} = a\sqrt{b}$ を利用

❷ $\sqrt{300}$ を $a\sqrt{b}$ のかたちに直すために、まず300を素因数分解します。

$$\begin{array}{r|r} 2 & 300 \\ \hline 2 & 150 \\ \hline 3 & 75 \\ \hline 5 & 25 \\ \hline & 5 \end{array}$$

これにより $\sqrt{300} = \sqrt{2\times2\times3\times5\times5}$ であることがわかります。

$\sqrt{300} = \sqrt{2\times2\times3\times5\times5}$
　　　$= \sqrt{2\times5\times2\times5\times3}$　…かけ算はかける順をかえても成り立つ。
　　　　　10　　10
　　　$= \sqrt{10\times10\times3}$
　　　$= \sqrt{10^2\times3}$
　　　$= \underline{10\sqrt{3}}$　　◁… $\sqrt{a^2 b} = a\sqrt{b}$ を利用

できた！

# 第5章 平方根

## 答えが $a\sqrt{b}$ になるかけ算

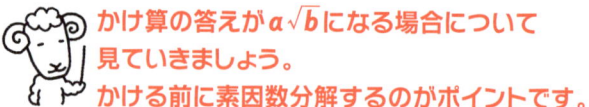

かけ算の答えが $a\sqrt{b}$ になる場合について見ていきましょう。
かける前に素因数分解するのがポイントです。

### 例 1

次の計算をしなさい。
❶ $\sqrt{20} \times \sqrt{27}$  ❷ $\sqrt{6} \times \sqrt{15}$  ❸ $2\sqrt{14} \times 3\sqrt{21}$

❶ $\sqrt{20} \times \sqrt{27} = 2\sqrt{5} \times 3\sqrt{3}$ ←かける前に20と27を
$\phantom{\sqrt{20} \times \sqrt{27}} = 2 \times \sqrt{5} \times 3 \times \sqrt{3}$ 　素因数分解して
$\phantom{\sqrt{20} \times \sqrt{27}} = 2 \times 3 \times \sqrt{5} \times \sqrt{3}$ 　$\sqrt{20}$ を $2\sqrt{5}$ に、
$\phantom{\sqrt{20} \times \sqrt{27}} = \underline{6\sqrt{15}}$ 　$\sqrt{27}$ を $3\sqrt{3}$ にそれぞれ変形

かけ算はかける順序をかえても成り立つ。

※ ❶で $\sqrt{20} \times \sqrt{27} = \sqrt{20 \times 27} = \sqrt{540} = 6\sqrt{15}$ のように解いてもよいのですが、$\sqrt{540}$ から $6\sqrt{15}$ への変形が大変になる場合が多く、かける前に素因数分解をしておいたほうが楽に解けることが多いです。

❷ $\sqrt{6} \times \sqrt{15} = \sqrt{2 \times 3} \times \sqrt{3 \times 5}$ ←かける前に6と15を
$\phantom{\sqrt{6} \times \sqrt{15}} = \sqrt{2 \times 3 \times 3 \times 5}$ 　素因数分解
$\phantom{\sqrt{6} \times \sqrt{15}} = \sqrt{3^2 \times 2 \times 5}$
$\phantom{\sqrt{6} \times \sqrt{15}} = \underline{3\sqrt{10}}$ ←$\sqrt{a^2 b} = a\sqrt{b}$ を利用

❸ $2\sqrt{14} \times 3\sqrt{21} = 2\sqrt{2 \times 7} \times 3\sqrt{3 \times 7}$ ←かける前に
$\phantom{2\sqrt{14} \times 3\sqrt{21}} = 2 \times 3 \times \sqrt{2 \times 3 \times 7 \times 7}$ 　14と21を
$\phantom{2\sqrt{14} \times 3\sqrt{21}} = 6\sqrt{7^2 \times 2 \times 3}$ 　素因数分解

$$= 6 \times 7\sqrt{6}$$ ◁…$\sqrt{a^2 b} = a\sqrt{b}$ を利用
$$= \underline{42\sqrt{6}}$$

---

**練習 1** 次の計算をしなさい。
❶ $\sqrt{8} \times \sqrt{12}$  ❷ $\sqrt{10} \times \sqrt{14}$  ❸ $3\sqrt{18} \times 4\sqrt{30}$

**解説 解答**

❶ $\sqrt{8} \times \sqrt{12}$
$= 2\sqrt{2} \times 2\sqrt{3}$ ◁……… かける前に8と12を素因数分解して $\sqrt{8}$ と $\sqrt{12}$ をそれぞれ変形
$= 2 \times \sqrt{2} \times 2 \times \sqrt{3}$
$= 2 \times 2 \times \sqrt{2} \times \sqrt{3}$ ◁……… かけ算はかける順序をかえても成り立つ
$= \underline{4\sqrt{6}}$

❷ $\sqrt{10} \times \sqrt{14}$
$= \sqrt{2 \times 5} \times \sqrt{2 \times 7}$ ◁……… かける前に10と14を素因数分解
$= \sqrt{2 \times 5 \times 2 \times 7}$
$= \sqrt{2^2 \times 5 \times 7}$
$= \underline{2\sqrt{35}}$ ◁……… $\sqrt{a^2 b} = a\sqrt{b}$ を利用

❸ $3\sqrt{18} \times 4\sqrt{30}$
$= 3\sqrt{2 \times 3 \times 3} \times 4\sqrt{2 \times 3 \times 5}$ ◁……… かける前に18と30を素因数分解
$= 3 \times 4 \times \sqrt{2 \times 3 \times 3 \times 2 \times 3 \times 5}$
$= 12 \times \sqrt{\underbrace{2 \times 3}_{6} \times \underbrace{2 \times 3}_{6} \times 3 \times 5}$
$= 12 \times \sqrt{6^2 \times 3 \times 5}$
$= 12 \times 6 \times \sqrt{3 \times 5}$ ◁……… $\sqrt{a^2 b} = a\sqrt{b}$ を利用
$= \underline{72\sqrt{15}}$

# 分母を有理化する

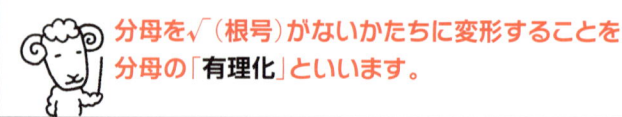

分母を√（根号）がないかたちに変形することを分母の「有理化」といいます。

分母を有理化する方法
**分母が$\sqrt{a}$の場合** …▶ **分母と分子に$\sqrt{a}$をかける**
**分母が$k\sqrt{a}$の場合** …▶ **分母と分子に$\sqrt{a}$をかける**

### 例 1

次の数の分母を有理化（√がないかたちに変形）しなさい。

❶ $\dfrac{\sqrt{5}}{\sqrt{2}}$ ❷ $\dfrac{\sqrt{6}}{6\sqrt{3}}$

❶ $\dfrac{\sqrt{5}}{\sqrt{2}} = \dfrac{\sqrt{5}\times\sqrt{2}}{\sqrt{2}\times\sqrt{2}}$ ⟵ 分母と分子に$\sqrt{2}$をかける

$= \dfrac{\sqrt{10}}{2}$ ⟵ 分母に√がないかたちに変形（有理化）できた

❷ $\dfrac{\sqrt{6}}{6\sqrt{3}} = \dfrac{\sqrt{6}\times\sqrt{3}}{6\sqrt{3}\times\sqrt{3}}$ ⟵ 分母と分子に$\sqrt{3}$をかける

$= \dfrac{\sqrt{3\times 3\times 2}}{6\times(\sqrt{3})^2}$

$= \dfrac{3\sqrt{2}}{6\times 3}$ ⟵ 約分する

$= \dfrac{\sqrt{2}}{6}$ ⟵ 分母に√がないかたちに変形（有理化）できた

解き方がわかったら、解説をかくして **例1** を自力で解いてみましょう。

**分母に√が残っているままの数を計算の答えにしてはいけません。分母に√が残っているままの数は有理化して、√が残っていないかたちに変形したものを答えにする必要があります。**

**例2**
次の計算をしなさい。
$\sqrt{6} \div \sqrt{2}$

$\sqrt{6} \div \sqrt{2} = \dfrac{\sqrt{6}}{\sqrt{2}}$

$\phantom{\sqrt{6} \div \sqrt{2}} = \dfrac{\sqrt{6} \times \sqrt{2}}{\sqrt{2} \times \sqrt{2}}$　　⇐…分母と分子に√2ををかけて有理化

$\phantom{\sqrt{6} \div \sqrt{2}} = \dfrac{2\sqrt{3}}{2}$　　⇐…約分する

$\phantom{\sqrt{6} \div \sqrt{2}} = \sqrt{3}$

※ $\dfrac{\sqrt{6}}{\sqrt{2}}$ **を答えとするのは正解ではありません（分母に√が残っているから）。$\dfrac{\sqrt{6}}{\sqrt{2}}$ の分母を有理化して√3として正解になります。**

解き方がわかったら、解説をかくして **例2** を自力で解いてみましょう。

第5章 平方根

# 平方根のたし算とひき算

平方根のたし算とひき算では、√を文字に
おきかえると、文字式と同じように計算できます。

### 例 1

次の計算をしなさい。
❶ $2\sqrt{5}+4\sqrt{5}$　❷ $\sqrt{2}+\sqrt{3}-2\sqrt{3}+5\sqrt{2}$

❶ $2\sqrt{5}+4\sqrt{5}$ の$\sqrt{5}$を文字の**x**とおくと
$2x+4x=6x$ となります。これと同じように計算して
$$2\sqrt{5}+4\sqrt{5}=\underline{6\sqrt{5}}$$

❷ $\sqrt{2}+\sqrt{3}-2\sqrt{3}+5\sqrt{2}$の$\sqrt{2}$を文字の**x**とおき、$\sqrt{3}$を文字の**y**とおくと $x+y-2y+5x=6x-y$ となります。これと同じように計算して
$$\sqrt{2}+\sqrt{3}-2\sqrt{3}+5\sqrt{2}=\underline{6\sqrt{2}-\sqrt{3}}$$

※ $6\sqrt{2}-\sqrt{3}$ はこれ以上かんたんにできないので、$6\sqrt{2}-\sqrt{3}$ が答えとなります。

### 練習 1

次の計算をしなさい。
❶ $\sqrt{6}-3\sqrt{6}$　❷ $6\sqrt{7}+2\sqrt{10}-\sqrt{7}-3\sqrt{10}$

### 解説と解答

❶ $\sqrt{6}-3\sqrt{6}$の$\sqrt{6}$を文字の**x**とおくと
$x-3x=-2x$ となる。これと同じように計算して
$$\sqrt{6}-3\sqrt{6}=\underline{-2\sqrt{6}}$$

❷ $6\sqrt{7}+2\sqrt{10}-\sqrt{7}-3\sqrt{10}$の$\sqrt{7}$を文字の**x**とおき、$\sqrt{10}$を文字の**y**とおくと $6x+2y-x-3y=5x-y$ となる。これと同じように計算して
$$6\sqrt{7}+2\sqrt{10}-\sqrt{7}-3\sqrt{10}=\underline{5\sqrt{7}-\sqrt{10}}$$

- √の中が異なる数の場合でも、$a\sqrt{b}$のかたちに変形することで、√の中の数が同じになり、計算できる場合があります。
- 分母に√がある分数の計算では、分母を有理化してから計算しましょう。

**例 2**　次の計算をしなさい。
❶ $\sqrt{8}-\sqrt{32}+6\sqrt{2}$　　❷ $\sqrt{20}-\dfrac{5}{\sqrt{5}}$

❶ $\sqrt{8}-\sqrt{32}+6\sqrt{2}=2\sqrt{2}-4\sqrt{2}+6\sqrt{2}$　　⟵ $\sqrt{a^2b}=a\sqrt{b}$を利用する
$=\underline{4\sqrt{2}}$

❷ $\sqrt{20}-\dfrac{5}{\sqrt{5}}=2\sqrt{5}-\dfrac{5\times\sqrt{5}}{\sqrt{5}\times\sqrt{5}}$　　⟵ 分母を有理化する

$=2\sqrt{5}-\dfrac{5\sqrt{5}}{5}$　　⟵ 約分する

$=2\sqrt{5}-\sqrt{5}=\underline{\sqrt{5}}$

**練習 2**　次の計算をしなさい。
❶ $-2\sqrt{27}+2\sqrt{12}-\sqrt{75}$　　❷ $-\dfrac{21}{\sqrt{7}}-3\sqrt{28}$

**解説 解答 2**
❶ $-2\sqrt{27}+2\sqrt{12}-\sqrt{75}$
$=-6\sqrt{3}+4\sqrt{3}-5\sqrt{3}$　　⟵ $\sqrt{a^2b}=a\sqrt{b}$を利用する
$=\underline{-7\sqrt{3}}$

❷ $-\dfrac{21}{\sqrt{7}}-3\sqrt{28}$

$=-\dfrac{21\times\sqrt{7}}{\sqrt{7}\times\sqrt{7}}-6\sqrt{7}$　　⟵ 分母を有理化する

$=-\dfrac{\overset{3}{21}\times\sqrt{7}}{\underset{1}{7}}-6\sqrt{7}$　　⟵ 約分する

$=-3\sqrt{7}-6\sqrt{7}=\underline{-9\sqrt{7}}$

第6章

# 因数分解とは

## 因数分解

たとえば、$(x+3)(x+4)=x^2+7x+12$であることはすでに学びました。

左辺と右辺を逆にすると$x^2+7x+12=(x+3)(x+4)$となります。

これは$x^2+7x+12$が$x+3$と$x+4$をかけたものであることを表しています。このとき、$x+3$と$x+4$を$x^2+7x+12$の**因数**といいます。

そして、多項式をいくつかの因数をかけたかたちに表すことを**因数分解**するといいます。

$$x^2+7x+12=(x+3)(x+4)$$

因数分解     因数    因数

因数分解をするひとつの方法は、**それぞれの項に共通な因数（共通因数）**を見つけて、それを**かっこの外にくくり出す**ことです。

この方法では次の公式を使います。

○□＋○△＝○（□＋△）     ＜‥○が共通因数です

たとえば、$xy+xz$という式ではそれぞれの項に$x$が共通であるので次のように因数分解することができます。

$$\underset{共通因数}{\textcircled{x}}y+\textcircled{x}z=x(y+z)$$

共通である$x$をまとめてかっこの外に出す

---

**例 1**

次の式を因数分解しなさい。

❶ $5ab-3ac$    ❷ $2x^2+6xy$

❶ $5ab - 3ac$
$= 5 \times a \times b - 3 \times a \times c$ ◁…かけ算に分解する
$= \underline{a(5b - 3c)}$ ◁…$a$ が共通因数なので $a$ を
かっこの外に出す

❷ $2x^2 + 6xy$
$= 2 \times x \times x + \underline{2 \times 3} \times x \times y$ ◁…かけ算に分解する
 6を$2 \times 3$に分解すると
 共通因数の2が見つかる

$= \underline{2x(x + 3y)}$ ◁…$2x$ が共通因数なので
かっこの外に出す

※ $2x^2 + 6xy = x(2x + 6y)$ のように、$x$ だけかっこの外に出すのではなく $2x(x + 3y)$ のように、かっこの外にできるだけ因数を出すのが正しいです。

| 練習 1 | 次の式を因数分解しなさい。 |
|---|---|

❶ $10ab - 15ac$　　❷ $6x^2y - 9xy^2 + 21xy$

**解説と答え**

❶ $10ab - 15ac$
$= 5 \times 2 \times a \times b - 5 \times 3 \times a \times c$ ◁…かけ算に分解
$= \underline{5a(2b - 3c)}$ ◁…共通因数の $5a$ をかっこの外に出す

❷ $6x^2y - 9xy^2 + 21xy$
$= 3 \times 2 \times x \times x \times y - 3 \times 3 \times x \times y \times y$
 $+ 3 \times 7 \times x \times y$ ◁…かけ算に分解する
$= \underline{3xy(2x - 3y + 7)}$ ◁…共通因数の $3xy$ をかっこの外に出す

# 第6章 因数分解

# 公式を利用する因数分解(1)

$(x+a)(x+b)=x^2+(a+b)x+ab$ という乗法公式がありましたね。
この乗法公式の左辺と右辺を逆にすると
$$x^2+(a+b)x+ab=(x+a)(x+b)$$
という公式が成り立ちます。
この公式を利用した因数分解を学んでいきます。

### 例 1

次の式を因数分解しなさい。
❶ $x^2+4x+3$   ❷ $x^2+x-12$

❶ $x^2+4x+3$ を因数分解するとき「**たして+4、かけて+3になる**」2つの数を探します。

$$x^2+4x+3$$

たして+4、かけて+3になる2つの数を探す。

たして+4、かけて+3になる2つの数は+1と+3が思いつきますね。

$(+1)+(+3)=+4$
$(+1)\times(+3)=+3$

この+1と+3をもとに次のように因数分解します。

$$x^2+4x+3=(x+1)(x+3)$$

❷ $x^2+x-12$ を因数分解するには「**たして+1、かけて-12になる**」2つの数を探します。

$$x^2+1x-12$$

たして+1、かけて-12になる2つの数を探す。

たして＋1、かけて－12になる数は＋4と－3が思いつきますね。

$(+4)+(-3)=+1$
$(+4)×(-3)=-12$

この＋4と－3をもとに次のように因数分解します。

$$x^2+x-12=(x+4)(x-3)$$

---

**練習 1** 次の式を因数分解しなさい。
❶ $x^2+6x+8$ ❷ $x^2-7x+10$ ❸ $a^2-5a-24$

**解説と答え**

❶ $x^2+6x+8$

$(+2)+(+4)=+6$
$(+2)×(+4)=+8$

たして＋6、かけて＋8になる2つの数は＋2と＋4だから
$x^2+6x+8=\underline{(x+2)(x+4)}$

❷ $x^2-7x+10$

$(-2)+(-5)=-7$
$(-2)×(-5)=+10$

たして－7、かけて＋10になる2つの数は－2と－5だから
$x^2-7x+10=\underline{(x-2)(x-5)}$

❸ $a^2-5a-24$

$(+3)+(-8)=-5$
$(+3)×(-8)=-24$

たして－5、かけて－24になる2つの数は＋3と－8だから
$a^2-5a-24=\underline{(a+3)(a-8)}$

第6章 因数分解

# 公式を利用する因数分解(2)

次の公式を使った因数分解を学んでいきます。
$$x^2 + 2ax + a^2 = (x+a)^2$$
$$x^2 - 2ax + a^2 = (x-a)^2$$

### 例 1

次の式を因数分解しなさい。
❶ $x^2 + 8x + 16$     ❷ $x^2 - 6x + 9$

**ポイント** ❶ は $x^2 + 2ax + a^2 = (x+a)^2$、

❷ は $x^2 - 2ax + a^2 = (x-a)^2$ の公式を利用して解きます。

❶ $x^2 + 8x + 16$
　　　　4の2倍　4の2乗

上のように $x^2 + 8x + 16$ は **8が④の2倍**で**16が④の2乗**になっていることを見つけます。そして次のように因数分解します。
$$x^2 + 8x + 16 = (x+4)^2$$

❷ $x^2 - 6x + 9$
　　　　3の2倍　3の2乗

上のように $x^2 - 6x + 9$ は **6が③の2倍**で**9が③の2乗**であることを見つけます。そして次のように因数分解します。
$$x^2 - 6x + 9 = (x-3)^2$$

### 練習 1

次の式を因数分解しなさい。
❶ $x^2 + 12x + 36$     ❷ $x^2 - 14x + 49$

### 解説と解答

❶ $x^2 + 12x + 36 = (x+6)^2$
　　　　　6の2倍　6の2乗

❷ $x^2 - 14x + 49 = \underline{(x-7)^2}$
　　　　7の2倍　7の2乗

> さらに、次の公式を使った因数分解を
> 学んでいきましょう。
> $x^2 - a^2 = (x+a)(x-a)$

**例 2**

次の式を因数分解しなさい。
❶ $x^2 - 9$　　　　❷ $16x^2 - 25y^2$

❶ $x^2 - 9$
　　xの2乗　3の2乗

このように$x^2-9$は**$x^2$が$x$の2乗**で、**9が3の2乗**です。これをもとに次のように因数分解します。

$$x^2 - 9 = x^2 - 3^2 = \underline{(x+3)(x-3)}$$
　　　　　　　　　$x^2 - a^2 = (x+a)(x-a)$を利用

❷　　$16x^2 - 25y^2$
$(4x)^2 = 16x^2$　$(5y)^2 = 25y^2$

**$16x^2$は$4x$の2乗**で、**$25y^2$は$5y$の2乗**です。これをもとに次のように因数分解します。

$$16x^2 - 25y^2 = (4x)^2 - (5y)^2 = \underline{(4x+5y)(4x-5y)}$$
$x^2 - a^2 = (x+a)(x-a)$を利用

**練習 2**

次の式を因数分解しなさい。
❶ $x^2 - 100$　　　　❷ $81a^2 - 4b^2$

**解説解答**

❶ $x^2 - 100 = x^2 - 10^2 = \underline{(x+10)(x-10)}$
❷ $81a^2 - 4b^2 = (9a)^2 - (2b)^2 = \underline{(9a+2b)(9a-2b)}$

# 2次方程式の解き方(1)

第7章 2次方程式

たとえば $x^2+1=2x$ という式の右辺の $2x$ を左辺に移項すると
$$x^2-2x+1=0$$
となります。この式のように移項して
$$2次式(次数が2の式)=0$$
になる式を「**2次方程式**」といいます。

2次方程式を解く方法のひとつに **因数分解を使った解き方** があります。因数分解を使った解き方では、次のことを利用します。

> **2つの式をAとBとするとき、**
> **AB＝0 ならば A＝0 または B＝0**

たとえば、$(x+2)(x-3)=0$ ならば次のように解くことができます。

$$(x+2)(x-3)=0$$
　　　0　　　0
どちらかが0になる

$x+2=0$ または $x-3=0$
つまり、$x=-2$ または $x=3$
すなわち、$\underline{x=-2、3}$

---

**例 1**

次の2次方程式を解きなさい。
❶ $(x+1)(x+5)=0$ 　　❷ $x^2-x-20=0$
❸ $x^2-10x+25=0$ 　　❹ $x^2+3x=0$

---

PART2●中学校3年分の数学に挑戦！

❶ $(x+1)(x+5) = 0$
   　　0　　　0
   どちらかが0になる

   $x+1=0$　または　$x+5=0$
   つまり、$x=-1$または$x=-5$
   すなわち、$\underline{x=-1、-5}$

❷ $x^2-x-20=0$
   このような2次方程式の場合、**左辺を因数分解**します。
   $x^2-x-20=0$の左辺を因数分解すると
   $(x+4)(x-5)=0$
   これを解いて$\underline{x=-4、5}$

❸ $x^2-10x+25=0$の**左辺を因数分解**すると
   $(x-5)^2=0$
   $\underline{x=5}$
   ❸の場合は答えがひとつになります。

❹ $x^2+3x=0$の**左辺を因数分解**すると
   $x(x+3)=0$　←共通因数の$x$をかっこの外に出す
   $x(x+3)=0$
   　0　　0
   どちらかが0になる

   この場合は$x=0$または$x+3=0$ということになります。
   つまり、$\underline{x=0、-3}$

解き方がわかったら、解説をかくして **例1** を自力で解いてみましょう。

153

# 2次方程式の解き方(2)

前のページでは因数分解を使って2次方程式を解きました。今回は、平方根の考え方を使って2次方程式を解く方法を学んでいきます。

### 例 1

次の2次方程式を解きなさい。
$x^2 - 3 = 0$

$x^2 - 3 = 0$
まず、-3を右辺に移項すると
$x^2 = 3$
$x$の2乗が3になるということなので、$x$は3の平方根であるということです。ですから
$\underline{x = \pm\sqrt{3}}$
となります。

### 練習 1

次の2次方程式を解きなさい。
$2x^2 = 10$

### 解説と解答

$2x^2 = 10$
まず、両辺を2で割ると
$x^2 = 5$
$x$は5の平方根ですから
$\underline{x = \pm\sqrt{5}}$

**例 2**

次の2次方程式を解きなさい。
$9x^2 - 7 = 0$

$9x^2 - 7 = 0$

$\quad 9x^2 = 7 \quad$ ←⋯ $-7$ を右辺に移項する。

$\quad x^2 = \dfrac{7}{9} \quad$ ←⋯ 両辺を9で割る。

$\quad x = \pm\sqrt{\dfrac{7}{9}}$

$\quad\quad = \pm\dfrac{\sqrt{7}}{\sqrt{9}} \quad$ ←⋯ $\sqrt{\dfrac{b}{a}} = \dfrac{\sqrt{b}}{\sqrt{a}}$ を利用する。

$\quad\quad = \pm\dfrac{\sqrt{7}}{3}$

**練習 2**

次の2次方程式を解きなさい。
$2x^2 - 3 = 0$

**解説と答え**

$2x^2 - 3 = 0$

$\quad 2x^2 = 3 \quad$ ←⋯ $-3$ を右辺に移項する。

$\quad x^2 = \dfrac{3}{2} \quad$ ←⋯ 両辺を2で割る。

$\quad x = \pm\sqrt{\dfrac{3}{2}}$

$\quad\quad = \pm\dfrac{\sqrt{3}}{\sqrt{2}} \quad$ ←⋯ $\sqrt{\dfrac{b}{a}} = \dfrac{\sqrt{b}}{\sqrt{a}}$ を利用する。

$\quad\quad = \pm\dfrac{\sqrt{3}\times\sqrt{2}}{\sqrt{2}\times\sqrt{2}} \quad$ ←⋯ 分母を有理化する。

$\quad\quad = \pm\dfrac{\sqrt{6}}{2}$

# 2次方程式の文章題 (数の問題)

2次方程式の文章題を解いていきましょう。まずは数に関する文章題を解いていきます。求めたいものを $x$ とおいて解いていくのが基本です。

### 例 1

差が7で、かけたら60になる2つの数があります。その2つの数をそれぞれ求めなさい。

ステップ1からステップ3の順で解きましょう。

**ステップ1　まず、求めたいものを $x$ とおきます。**

2つの数を求めたいのですが、ここでは2つの数のうち、**小さいほうの数を $x$** とおきます。

「**2つの数の差は7**」なので、**大きい方の数は $(x+7)$** と表すことができます。

**ステップ2　方程式をつくります。**

「2つの数をかけたら60」であるので、それを式に表すと次のようになります。

$$\underset{\text{小さいほうの数}}{x} \times \underset{\text{大きいほうの数}}{(x+7)} = 60$$

×(かける)ははぶいてもよいので、

$x(x+7) = 60$

という式になります。

**ステップ3　方程式を解きます。**

$x^2 + 7x = 60$

$x^2 + 7x - 60 = 0$

$(x+12)(x-5) = 0$

$x = -12$、5

2つの数の小さいほうの数は−12または5であることがわかりました。

小さいほうの数が−12であるとき、大きいほうの数は

$-12 + 7 = -5$

小さいほうの数が5であるとき、大きいほうの数は

$5 + 7 = 12$

答えは2通りあることがわかります。

<u>答え　−12と−5、5と12</u>

| 練習 | 1 | ある数から5を引いた数の2乗が、もとの数の16倍と等しくなります。このとき、もとの数を求めなさい。 |
|---|---|---|

| 解説と答え | | ステップ1からステップ3の順で解きましょう。 |
|---|---|---|

**ステップ1 まず、求めたいものを $x$ とおきます。**

ある数を $x$ とおきます。

**ステップ2 方程式をつくります。**

「ある数から5を引いた数の2乗」は $(x-5)^2$ と表せます。

「もとの数の16倍」は $16x$ と表せます。

これらが等しいのですから

$(x-5)^2 = 16x$

という方程式をつくることができます。

**ステップ3 方程式を解きます。**

$x^2 - 10x + 25 = 16x$

$x^2 - 26x + 25 = 0$

$(x-1)(x-25) = 0$

$x = 1$、25

この問題も答えは2通りあることがわかります。

<u>答え　1、25</u>

# 2次方程式の文章題（面積の問題）

今回は2次方程式の面積に関する文章題を解いていきます。
求めたいものをxとおいて解いていくのは同じです。

### 例 1

横の長さがたての長さより3cm長い長方形があります。この長方形の面積は108cm²です。この長方形のたての長さと横の長さを求めなさい。

ステップ1からステップ3の順で解きましょう。

**ステップ1　まず、求めたいものをxとおきます。**

たての長さと横の長さを求めたいのですが、ここでは**たての長さをxcm**とおきます。
「**横の長さはたての長さより3cm長い**」ので、**横の長さは$(x+3)$cm** と表すことができます。

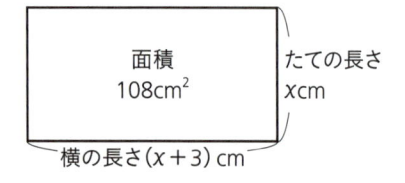

```
         面積           たての長さ
       108cm²           xcm
      横の長さ($x+3$) cm
```

**ステップ2　方程式をつくります。**

たての長さと横の長さをかけたら、面積（108cm²）が求まるので、それを式に表すと次のようになります。

$$x \times (x+3) = 108$$

　　たての長さ　横の長さ　面積

×(かける)ははぶいてもよいので、
　　$x(x+3) = 108$
という式になります。

**ステップ3** **方程式を解きます。**
　　$x^2 + 3x = 108$
　　$x^2 + 3x - 108 = 0$
　　$(x+12)(x-9) = 0$
　　$x = -12、9$

xは－12または9と求まりましたが、**辺の長さは正の数で、負の数になることはありえないので、－12は答えになりません。**
だからx(たての長さ)は正の数の9(cm)となります。
横の長さはたての長さより3cm長いのですから、
　　$9 + 3 = 12$
で12cmとなります。

答え　たての長さ9cm、横の長さ12cm

※この問題のように、xが求まったらそれをそのまま答えにするのではなく、**問題の条件にあてはまるかどうか確かめてから、問題の条件にあてはまるものだけを答えとする場合がある**ので注意しましょう。

解き方がわかったら、解説をかくして **例1** を自力で解いてみましょう。

# 座標とは

平面上での点の位置の表し方について学んでいきます。
**座標**という表し方で点の位置を表します。

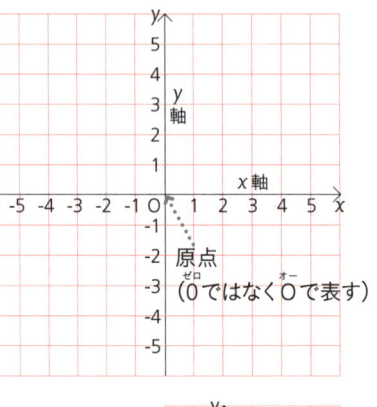

左の図のように、直角に交わる横とたての2つの数直線を考えます。このとき、
横の数直線を**$x$軸**
たての数直線を**$y$軸**
$x$軸と$y$軸の交点Oを**原点** ←（アルファベットのOで表します）
といいます。

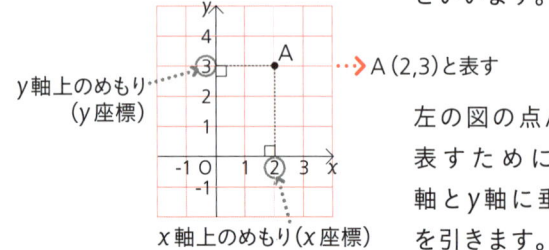

原点
(0ではなくOで表す)

⋯▶ A(2,3)と表す

左の図の点Aの位置を表すために、Aから$x$軸と$y$軸に垂直な直線を引きます。

$y$軸上のめもり
（$y$座標）

$x$軸上のめもり（$x$座標）

Aの$x$軸上のめもりの**2** ←…点Aの**$x$座標**といいます
Aの$y$軸上のめもりの**3** ←…点Aの**$y$座標**といいます
これをあわせて(**2,3**)と表します。

(**2,3**)を点Aの**座標**といい、**A(2,3)** と表すこともできます。

点Aの座標 ⋯▶ **A(2 , 3)**
　　　　　　　　　$x$座標　$y$座標

| 練習 | 1 |

図を見て、次の問いに答えなさい。

❶ 点A〜点Eの座標をいいなさい。

❷ 原点Oの座標をいいなさい。

❸ 図に次の点F〜点Jを書き込みなさい。
F (3,4)　G (1,−4)
H (0,−2)　I (−3,−1)　J (2,0)

| 解説 | 答 |

❶ 点Aはx座標が3、y座標が1なので A (3,1)
　 点Bはx座標が2、y座標が−3なので B (2,−3)
　 点Cはx座標が−3、y座標が−4なので C (−3,−4)
　 点Dはx座標が−2、y座標が0なので D (−2,0)
　 点Eはx座標が0、y座標が3なので E (0,3)

❷ 原点Oの座標は (0,0) です。

❸ 点F〜点Jは次の通りです。

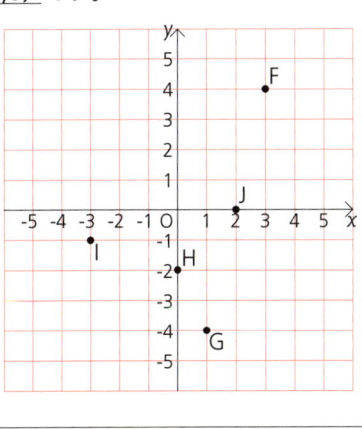

# 比例とそのグラフ

たとえば、y=2xやy=−3xのように、**y=ax**という関係が成り立つとき、**yはxに比例する**といいます。**a**を**比例定数**といいます。

たとえば、y=2xという式が成り立っているとき、**yはxに比例する**といいます。
このとき、y=2xの**2**を**比例定数**といいます。
y=2xのxにさまざまな数を代入したときのyの値を調べてみましょう。

　　たとえば、$x=1$を代入すると$y=2×1=2$
　　$x=-2$を代入すると$y=2×(-2)=-4$

このようにy=2xのxにさまざまな数を代入した結果を表にすると次のようになります。

| x | −4 | −3 | −2 | −1 | 0 | 1 | 2 | 3 | 4 |
|---|----|----|----|----|---|---|---|---|---|
| y | −8 | −6 | −4 | −2 | 0 | 2 | 4 | 6 | 8 |

このとき、**x**が1から2に**2倍**になると**y**も2から4に**2倍**になり、**x**が1から3に**3倍**になると**y**も2から6に**3倍**になっていることがわかります。

| x | −4 | −3 | −2 | −1 | 0 | 1 | 2 | 3 | 4 |
|---|----|----|----|----|---|---|---|---|---|
| y | −8 | −6 | −4 | −2 | 0 | 2 | 4 | 6 | 8 |

このように、**y=axという比例の関係が成り立つとき、xが2倍、3倍、4倍…となると、yも2倍、3倍、4倍…となります。**

### 例 1

$y = 2x$ のグラフを書きなさい。

$y = 2x$ の x と y の関係は次のようになりましたね。

| x | −4 | −3 | −2 | −1 | 0 | 1 | 2 | 3 | 4 |
|---|---|---|---|---|---|---|---|---|---|
| y | −8 | −6 | −4 | −2 | 0 | 2 | 4 | 6 | 8 |

たとえば、**x = 1 のとき y = 2** です。
これを**座標（1, 2）**の点で表します。
**x = −2 のとき y = −4** です。
これを**座標（−2, −4）**の点で表します。
このように座標の点を書いていき、その点を結ぶと次のような
グラフが書けます。
このように**比例のグラフは原点を通る直線になります。**

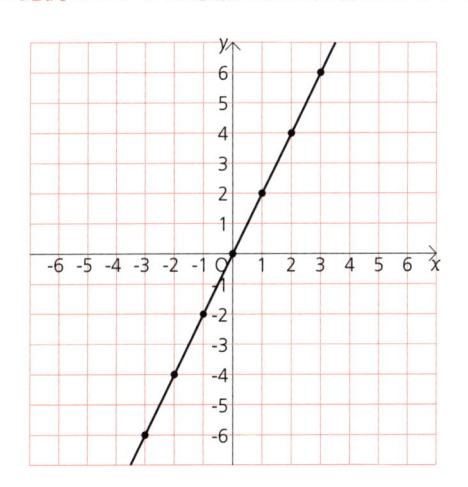

解き方がわかったら、解説をかくして 例1 を自力で解いてみましょう。

# 反比例とそのグラフ

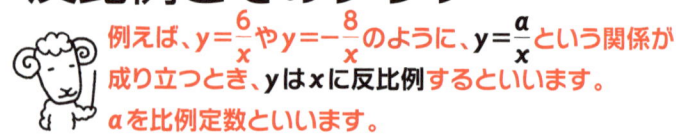

例えば、$y=\dfrac{6}{x}$ や $y=-\dfrac{8}{x}$ のように、$y=\dfrac{a}{x}$ という関係が成り立つとき、**y は x に反比例する**といいます。
**a を比例定数といいます。**

たとえば、$y=\dfrac{6}{x}$ という式が成り立っているとき、**y は x に反比例する**といいます。

このとき、$y=\dfrac{6}{x}$ の **6 を比例定数**といいます。

$y=\dfrac{6}{x}$ の x にさまざまな数を代入したときの y の値を調べてみましょう。

たとえば、$x=1$ を代入すると $y=\dfrac{6}{1}=6$

$x=-2$ を代入すると $y=\dfrac{6}{-2}=-3$

このように $y=\dfrac{6}{x}$ の x にさまざまな数を代入した結果を表にすると次のようになります。

| x | -6 | -3 | -2 | -1 | 0 | 1 | 2 | 3 | 6 |
|---|----|----|----|----|---|---|---|---|---|
| y | -1 | -2 | -3 | -6 | × | 6 | 3 | 2 | 1 |

$\dfrac{6}{0}$ は計算できないので×

このとき、**x が 1 から 2 に 2 倍**になると y は 6 から 3 に $\dfrac{1}{2}$ **倍**になり、**x が 1 から 3 に 3 倍**になると y は 6 から 2 に $\dfrac{1}{3}$ **倍**になっていることがわかります。

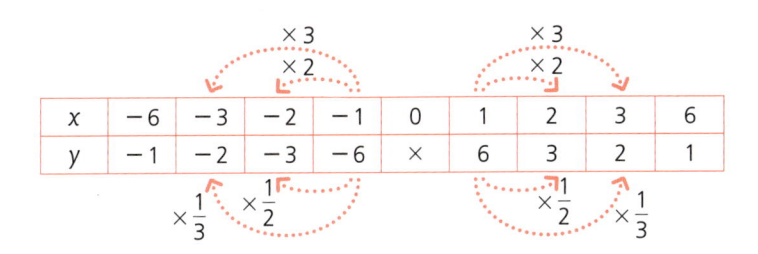

|   |   | ×3 |   |   |   |   | ×3 |   |   |
|---|---|---|---|---|---|---|---|---|---|
|   |   | ×2 |   |   |   | ×2 |   |   |   |
| x | −6 | −3 | −2 | −1 | 0 | 1 | 2 | 3 | 6 |
| y | −1 | −2 | −3 | −6 | × | 6 | 3 | 2 | 1 |

×$\frac{1}{3}$、×$\frac{1}{2}$　　　　×$\frac{1}{2}$、×$\frac{1}{3}$

このように、**$y=\frac{a}{x}$という反比例の関係が成り立つとき、xが2倍、3倍、4倍…となると、yは$\frac{1}{2}$倍、$\frac{1}{3}$倍、$\frac{1}{4}$倍…となります。**

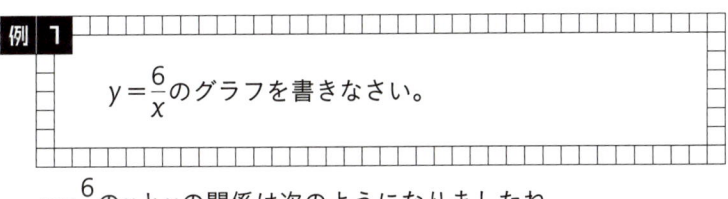

### 例 1

$y=\frac{6}{x}$のグラフを書きなさい。

$y=\frac{6}{x}$のxとyの関係は次のようになりましたね。

| x | −6 | −3 | −2 | −1 | 0 | 1 | 2 | 3 | 6 |
|---|---|---|---|---|---|---|---|---|---|
| y | −1 | −2 | −3 | −6 | × | 6 | 3 | 2 | 1 |

表の通りに、座標の点を書いていき、その点を**なめらかに**結ぶと右のようなグラフが書けます（**直線で結ぶのではなく、なめらかに結ぶのがコツ**です）。

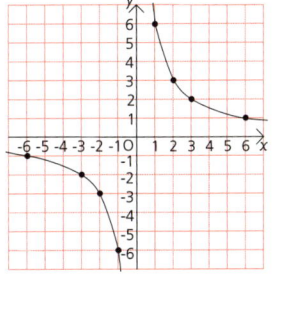

このように**反比例のグラフはなめらかな2つの曲線です。そして、この曲線を双曲線といいます。**

解き方がわかったら、解説をかくして **例 1** を自力で解いてみましょう。

# 1次関数とそのグラフ

たとえば、$y=3x+1$、$y=-5x$のように、
$y=ax+b$という関係が成り立つとき
$y$は$x$の1次関数であるといいます。
$a$を傾きといい、$b$を切片といいます。

$y = \boxed{a} x + \boxed{b}$
　　傾き　切片

**例** $y=-3x-4$の傾きと切片 → $y=\boxed{-3}x\boxed{-4}$
　　　　　　　　　　　　　　　　　　傾き　切片

たとえば、**$y=2x+1$** という1次関数のグラフがどのようになるか見ていきます。

$y=2x+1$の傾きは**2**で切片は**1**です。

### 1次関数のグラフの書き方

**手順1** **$x$に0ともうひとつの数を代入して$y$の値を求めると、直線が通る2つの座標が求まる。**

$y=2x+1$に**$x=0$**を代入すると
**$y$** $=2\times 0+1=$**1** となります。これは$y=2x+1$の**グラフが$(0,1)$の座標を通る**ことを表します。

次に、$y=2x+1$に、たとえば**$x=2$**を代入すると
**$y=2\times 2+1=$5** となります。これは$y=2x+1$の**グラフが$(2,5)$の座標を通る**ことを表します。

---

**$x$に0を代入するのがよい理由**

$x$に0を代入すると、$y$の値が切片と同じ値になります（$y=2x+1$の場合は1）。このため、慣れると$y=2x+1$は$(0,1)$を通る、とすぐに判断できるようになります。

---

**手順2** 求めた2つの座標を直線で結ぶ。

(0,1)と(2,5)の2つの点を結べば、右のように$y=2x+1$のグラフを書くことができます。

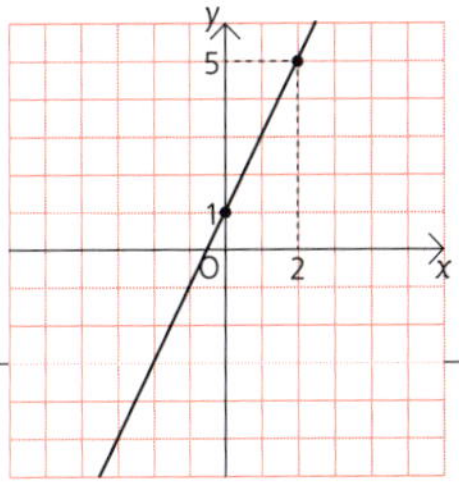

| 練習 | 1 |

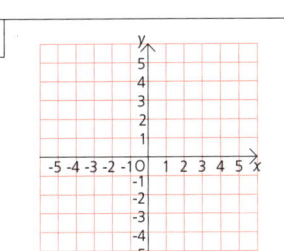

$y=-\frac{1}{2}x-2$のグラフを書きなさい。

| 解説と答え |

**手順1** $x$に0ともうひとつの数を代入して$y$の値を求めると、直線が通る2つの座標が求まる。

$y=-\frac{1}{2}x-2$に**$x=0$を代入**すると

$y=-\frac{1}{2}\times 0-2=-2$です。これは$y=-\frac{1}{2}x-2$のグラフが$(0,-2)$の座標を通ることを表します。

次に、$y=-\frac{1}{2}x-2$にたとえば、**$x=2$を代入**すると

$y=-\frac{1}{2}\times 2-2=-3$です。これは$y=-\frac{1}{2}x-2$のグラフが$(2,-3)$の座標を通ることを表します。

**手順2** 求めた2つの座標を直線で結ぶ。

$(0,-2)$と$(2,-3)$の2つの点を結べば、右のように$y=-\frac{1}{2}x-2$のグラフを書くことができます。

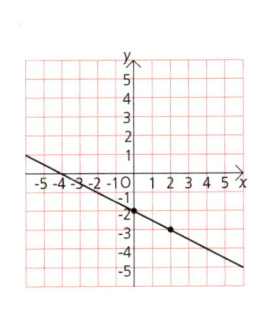

# 1次関数の式を求める(1)

1次関数の傾きと通る点がわかっている場合、
1次関数の式を求めることができます。

**例1**

$y$ が $x$ の1次関数であり、そのグラフの傾きが3で、$x=2$、$y=4$ を通る1次関数の式を求めなさい。

**ポイント** $y=ax+b$ の $a$ と $b$ を求めると式が求まります。傾きが3なので $a=3$ とすぐわかります。$b$ は代入によって求めます。

傾きが3の1次関数は
 $y=3x+b$
と表すことができます。

$x=2$、$y=4$ を通るから、$x=2$、$y=4$ を $y=3x+b$ に代入すると
 $4=3\times2+b$
 $4=6+b$
 $b=-2$
だから求める式は $y=3x-2$ であることがわかります。

答え　$y=3x-2$

| 練習 | 1 | $y$ が $x$ の1次関数であり、そのグラフの傾きが $-1$ で、点 $(8, -3)$ を通る1次関数の式を求めなさい。 |

| 解説と答え | |

**ポイント** $y = ax + b$ の $a$ と $b$ を求めると式が求まります。傾きが $-1$ なので
**$a = -1$ とすぐわかります。$b$ は代入によって求めます。**

傾きが $-1$ の1次関数は
$$y = -x + b$$
と表すことができます。

点 $(8, -3)$ を通るから $x = 8$、$y = -3$ を $y = -x + b$ に代入すると
$$-3 = -1 \times 8 + b$$
$$-3 = -8 + b$$
$$b = 5$$
だから求める式は $y = -x + 5$ であることがわかります。

答え $y = -x + 5$

# 1次関数の式を求める(2)

**2点の座標がわかるとき、一次関数の式を求めることができます。**

### 例 1

$y$ が $x$ の1次関数で、そのグラフが
2点 $(2,1)$、$(-1,-8)$ を通る直線であるとき、
その1次関数の式を求めなさい。

**ポイント** 求める1次関数の $y = ax + b$ に2点の座標の値を代入して、連立方程式をつくり、$a$ と $b$ を求めます。

求める1次関数の式を $y = ax + b$ とおきます。

$(2,1)$ を通るので、$x = 2$、$y = 1$ を $y = ax + b$ に代入します。
 $1 = 2a + b$ …①

$(-1, -8)$ を通るので、$x = -1$、$y = -8$ を $y = ax + b$ に代入します。
 $-8 = -a + b$ …②

①と②の連立方程式を解くと
 $a = 3$、$b = -5$

よって求める式は $\underline{y = 3x - 5}$

セイカイ！

| 練習 | 1 | 次の図の直線の式を求めなさい。

| 解説 | 
| 解答 |

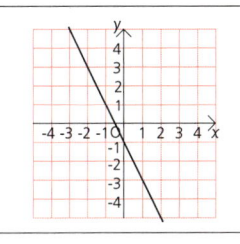

**ポイント** 求める1次関数を$y = ax + b$とおくと、直線と$y$軸との交点の$y$座標は切片$b$と等しいので、まず$b$が求まります。
$b$が求まったら、図から直線のグラフが通っている点の座標を探して、その座標の値を代入して$a$を求めます。

求める1次関数の式を$y = ax + b$とおきます。
右の図のように、直線と$y$軸との交点の$y$座標は切片$b$と等しいので$b = -1$と求まります。
よって、$y = ax + b$は$y = ax - 1$と表せます。
次に、この直線のグラフが点$(1, -3)$を通ることを見つけだして、
$x = 1$、$y = -3$を$y = ax - 1$に代入します。

$$-3 = a - 1$$
$$a = -2$$

だから、求める式は$\underline{y = -2x - 1}$

※直線のグラフが$(1, -3)$を通ることに注目して解きましたが、直線のグラフが$(-1, 1)$や$(-2, 3)$を通ることに注目して解くこともできます。

# 直線の交点の座標を求める

2つの直線の交わる点の座標は、2つの直線の式の連立方程式を解いて求めることができます。

**例 1**　$y=3x+5$ で表される直線と $y=-2x+10$ で表される直線の交点の座標を求めなさい。

**ポイント** 2つの式、$y=3x+5$ と $y=-2x+10$ の連立方程式を解いて、求まった $x$ と $y$ の値が交点の座標になります。

次の連立方程式を解けば、交点の座標が求まります。

$$\begin{cases} y=3x+5 & \cdots ① \\ y=-2x+10 & \cdots ② \end{cases}$$

代入法で解きます。
①より、$y=3x+5$ であるので、②の $y$ に $3x+5$ を代入すると

$3x+5=-2x+10$

$5x=5$

$x=1$

$x=1$ を①に代入して $y=8$
だから求める交点の座標は (1,8)

| 練習 | 1 | 次のグラフの直線①と直線②の交点の座標を求めなさい。 |
|---|---|---|

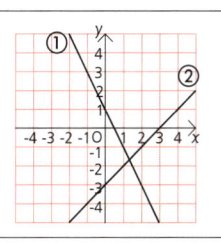

| 解答 | 解説 | **ポイント** まず、2つの直線の式を求めて、そのあと連立方程式を解き、交点の座標を求めます。 |
|---|---|---|

図のように、直線①の切片は1なので、直線①の式は $y = ax + 1$ と表せます。

直線①は $(2, -3)$ を通っているので、$y = ax + 1$ に $x = 2$、$y = -3$ を代入すると

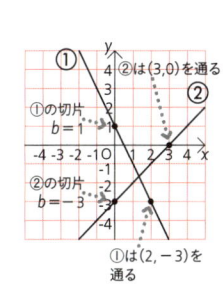

$$-3 = 2a + 1$$
$$a = -2$$

よって $y = -2x + 1$ …❶

直線②の切片は $-3$ なので直線②の式は $y = ax - 3$ と表せます。
直線②は $(3, 0)$ を通っているので、$y = ax - 3$ に $x = 3$、$y = 0$ を代入すると

$$0 = 3a - 3$$
$$a = 1$$

よって $y = x - 3$ …❷

❶と❷の式を連立方程式として解くと
$x = \dfrac{4}{3}$、$y = -\dfrac{5}{3}$

だから求める座標は $\left(\dfrac{4}{3}, -\dfrac{5}{3}\right)$

# 関数 $y=ax^2$ とそのグラフ

$y=2x^2$ や $y=-3x^2$ のように、$y=ax^2$ で表せる関数とそのグラフについて見ていきます。

### 例 1

$y=2x^2$ のグラフを書きなさい。

まず、$y=2x^2$ の $x$ に $-3$ から $3$ までの整数を代入すると次のようになります。

| $x$ | $-3$ | $-2$ | $-1$ | 0 | 1 | 2 | 3 |
|---|---|---|---|---|---|---|---|
| $y$ | 18 | 8 | 2 | 0 | 2 | 8 | 18 |

グラフ上に (-2, 8)、(-1, 2)、(0, 0)、(1, 2)、(2, 8) の座標をとって、なめらかな曲線で結ぶと次のようなグラフが書けます。

$y=2x^2$ のグラフのような形の曲線を **放物線** といい、$y=ax^2$ のグラフはすべて放物線となります。

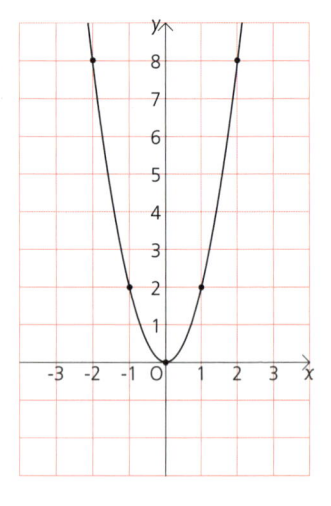

**練習 1**

$y=-x^2$ について次の問いに答えなさい。

❶ $y=-x^2$ について、次の表を完成させなさい。

| x | -3 | -2 | -1 | 0 | 1 | 2 | 3 |
|---|---|---|---|---|---|---|---|
| y |  |  |  |  |  |  |  |

❷ ❶の表をもとに $y=-x^2$ のグラフを書きなさい。

**解説解答**

❶ $y=-x^2$ の $x$ に-3から3までの整数を代入すると $y$ の値を求めることができます。

| x | -3 | -2 | -1 | 0 | 1 | 2 | 3 |
|---|---|---|---|---|---|---|---|
| y | -9 | -4 | -1 | 0 | -1 | -4 | -9 |

❷ ❶の表からそれぞれの座標をグラフ上にとり、なめらかな曲線で結ぶと右のようなグラフが書けます。

$y=ax^2$ のグラフは

**aが正の数**なら①のような放物線になります。

**aが負の数**なら②のような放物線になります。

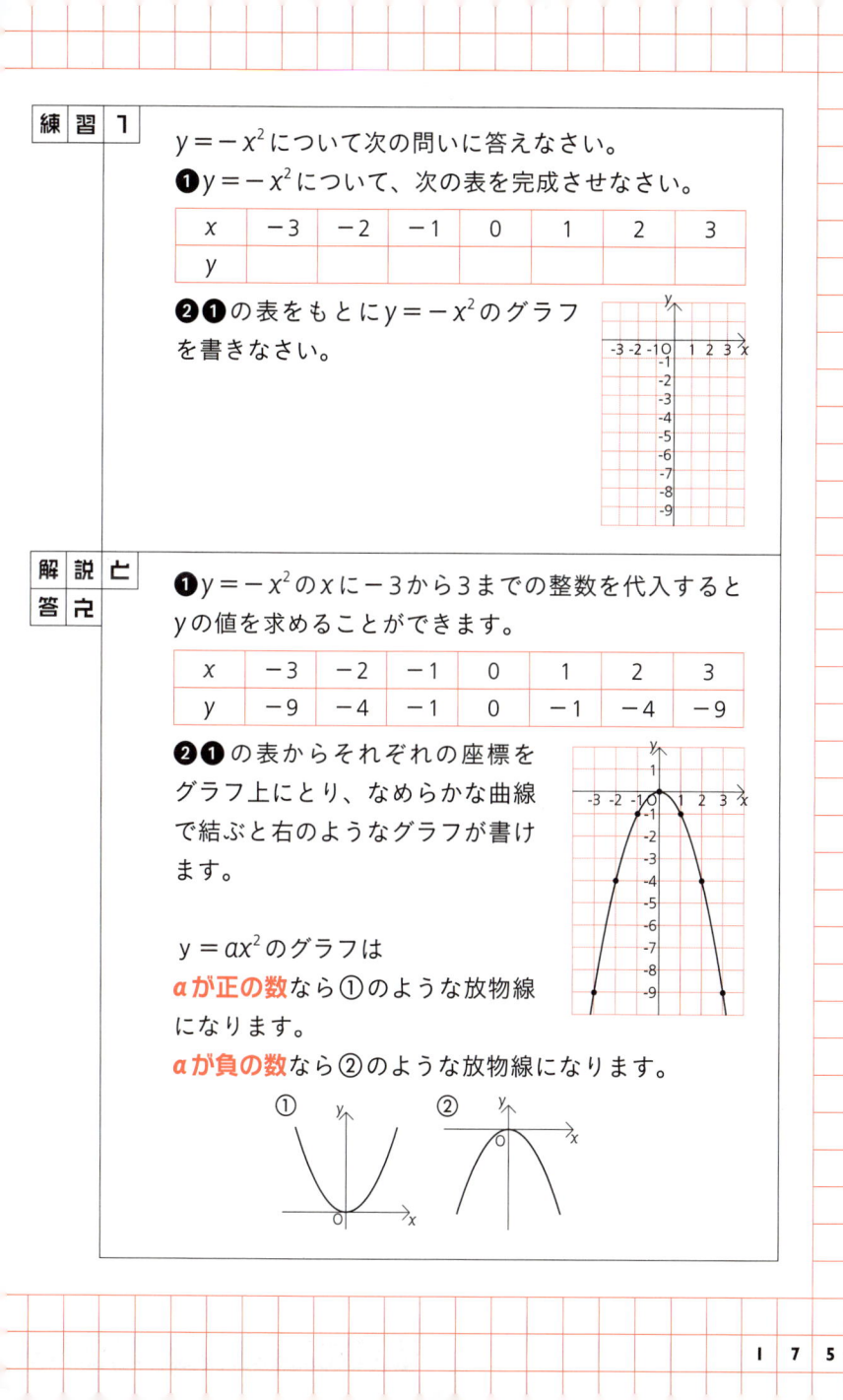

# 関数 $y=ax^2$ の変化の割合

**$\dfrac{yの増加量}{xの増加量}$ を変化の割合といいます。**
**関数 $y=ax^2$ での変化の割合について見ていきます。**

### 例 1

関数 $y=3x^2$ について、$x$ の値が 2 から 5 まで増加するとき、変化の割合を求めなさい。

**ポイント** 変化の割合 $=\dfrac{yの増加量}{xの増加量}$ をもとに考えます。増加量というのは「**どれだけ増えたのか**」ということです。

$x$ は **2 から 5 まで 3 増えた**ので、**$x$ の増加量は 3** です。

次に、$x=2$ を $y=3x^2$ に代入すると
 $y=3\times 2^2=3\times 4=12$

$x=5$ を $y=3x^2$ に代入すると
 $y=3\times 5^2=3\times 25=75$

つまり、**$y$ は 12 から 75 まで 63（←75 − 12）増えた**ということになり、**$y$ の増加量は 63** です。

$\dfrac{yの増加量}{xの増加量}$ が変化の割合ですから $\dfrac{63}{3}=\underline{21}$ が答えになります。

| 練習1 | 関数 $y = -\dfrac{1}{2}x^2$ について、$x$の値が$-6$から$-2$まで増加するとき、変化の割合を求めなさい。 |
|---|---|
| 解説と答え | **ポイント** 変化の割合$=\dfrac{y の増加量}{x の増加量}$をもとに考えます。<br>増加量というのは「どれだけ増えたのか」ということです。<br>$x$は$-6$から$-2$までどれだけ増えたのか求めます。<br>$-2$から$-6$をひけば、どれだけ増えたのか求まりますから<br>$$-2-(-6)=4$$<br>これにより、$x$は**$-6$から$-2$まで4増えた**ことがわかります。<br>つまり、**$x$の増加量は4**です。<br><br>次に、$x=-6$を$y=-\dfrac{1}{2}x^2$に代入すると<br>$$y=-\dfrac{1}{2}\times(-6)^2 = -\dfrac{1}{2}\times 36 = \mathbf{-18}$$<br>$x=-2$を$y=-\dfrac{1}{2}x^2$に代入すると<br>$$y=-\dfrac{1}{2}\times(-2)^2 = -\dfrac{1}{2}\times 4 = \mathbf{-2}$$<br>$-2$から$-18$を引くと<br>$$-2-(-18)=16$$<br>つまり、$y$は**$-18$から$-2$まで16増えた**ということになります。**$y$の増加量は16**です。<br><br>**$\dfrac{y の増加量}{x の増加量}$**が変化の割合ですから$\dfrac{16}{4}=\underline{4}$が答えになります。 |

# おうぎ形の弧の長さと面積の求め方

おうぎ形とは右のような図形です。
おうぎ形の弧の長さと面積の
求め方について見ていきます。

第10章 平面図形

おうぎ形のそれぞれの部分には
次のような名前がつけられています。

おうぎ形の弧の長さは
次のように求めます。

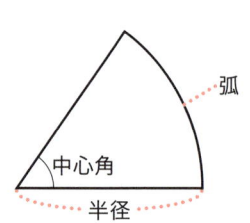

---

**おうぎ形の弧の長さ＝半径×2×π×$\dfrac{中心角}{360}$**

※円周の長さの求め方の 半径×2×π に ×$\dfrac{中心角}{360}$ が
ついたかたちです。

---

**π（読み方はパイ）** は円周率のことです。円周率は小学算数では3.14を使うことが多いのですが、中学数学では円周率をπという文字で表します。

おうぎ形の面積は次のように求めます。

---

**おうぎ形の面積＝半径×半径×π×$\dfrac{中心角}{360}$**

※円の面積の求め方の 半径×半径×π に ×$\dfrac{中心角}{360}$ が
ついたかたちです。

| 練習 | 1 | 右のおうぎ形の弧の長さと面積を求めなさい。 |
|---|---|---|

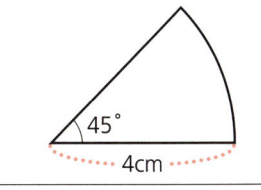

| 解説 答 | |
|---|---|

まず、弧の長さを求めます。

**おうぎ形の弧の長さ＝半径×2×$π$×$\dfrac{中心角}{360}$** をもとに考えます。

半径は4cm、中心角は45°なので、
おうぎ形の弧の長さ
$= 4 \times 2 \times π \times \dfrac{45}{360} = 4 \times 2 \times π \times \dfrac{1}{8} = \underline{π}$

次に面積を求めます。

**おうぎ形の面積＝半径×半径×$π$×$\dfrac{中心角}{360}$** をもとに考えます。

おうぎ形の面積
$= 4 \times 4 \times π \times \dfrac{45}{360} = 4 \times 4 \times π \times \dfrac{1}{8} = \underline{2π}$

答え　弧の長さは$π$ cm、面積は$2π$ cm$^2$

第10章 平面図形

# 対頂角とは

対頂角とは、次の図の∠*a*と∠*c*のように
向かいあっている角のことです。
∠*b*と∠*d*も向かいあっている
ので対頂角です。
「**対頂角は等しい**」という性質があります。

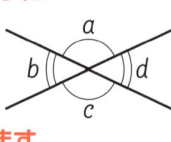

---

**例 1**

右の図で、∠*a* = 125°のとき、
∠*b*、∠*c*、∠*d*の
大きさを求めなさい。

---

∠*a*の対頂角（向かいあう角）が∠*c*で、**対頂角は等しい**ため、
　∠*c* = 125°

右のように、直線の角の大きさは180°です。

直線の角の大きさは180°なので
　∠*a* + ∠*b* = 180°
　∠*b* = 180° − ∠*a* = 180° − 125° = 55°

対頂角は等しいので
　∠*d* = ∠*b* = 55°

　　　　　答え　∠*b* = 55°、∠*c* = 125°、∠*d* = 55°

PART2●中学校3年分の数学に挑戦！

| 練習 | 1 |

❶ 次の図で、∠a、∠b、∠c、∠dの大きさを求めなさい。

❷ 次の図で、∠eの大きさを求めなさい。

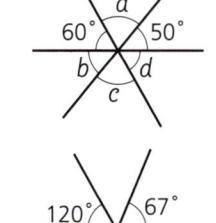

| 解説と答え |

❶ 直線の角は180°なので
$$60° + ∠a + 50° = 180°$$
$$∠a = 180° - (60° + 50°) = 70°$$

∠bと50°は対頂角で等しいので、∠b = 50°
∠cと∠aは対頂角で等しいので、∠c = 70°
∠dと60°は対頂角で等しいので、∠d = 60°

答え　∠a = 70°、∠b = 50°、∠c = 70°、∠d = 60°

❷ 120°の対頂角は67°と∠eをあわせた角度になります。
対頂角は等しいので
$$67° + ∠e = 120°$$
$$∠e = 120° - 67° = 53°$$

答え　∠e = 53°

# 同位角とは

2つの直線をひき、それらの直線に交わる1つの直線をひきます。
このとき∠$a$と∠$b$のような関係にある角を**同位角**といいます。
「**2直線が平行ならば同位角は等しい**」という性質があります。

平行であることを表す記号

**例 1**

次の図で、∠$a$、∠$b$、∠$c$、∠$d$の大きさを求めなさい。

図で直線が交わっているところは右の図のように、**右上、右下、左上、左下の4つの部分**に分かれます。

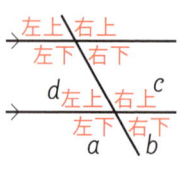

**120°の同位角は同じ左下の部分にある∠$a$**です。
左下どうしのように**同じ部分にある角が同位角**となります。

**平行な2直線の同位角は等しい**ので、∠$a$ = 120°

直線の角度は180°なので、
∠$b$ = 180° − ∠$a$ = 180° − 120° = 60°

∠$a$と∠$c$は対頂角で等しいので∠$c$ = 120°
∠$b$と∠$d$は対頂角で等しいので∠$d$ = 60°
　　答え　∠$a$ = 120°、∠$b$ = 60°、∠$c$ = 120°、∠$d$ = 60°

| 練習 | 1 | 次の図で、∠a、∠b、∠cの大きさを求めなさい。 |

| 解説と答え | 図で直線が交わっているところは次の図のように、**右上、右下、左上、左下の4つの部分**に分かれます。 |

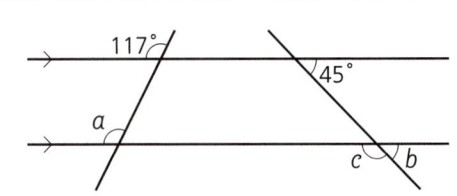

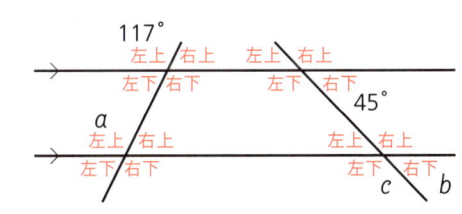

まず、117°と∠aは同じ左上にあり、同位角であることがわかるので、
$$\angle a = 117°$$

次に、45°と∠bは同じ右下にあり、同位角であることがわかるので、
$$\angle b = 45°$$

直線のつくる角度は180°なので
$$\angle c = 180° - 45° = 135°$$

答え　∠a = 117°、∠b = 45°、∠c = 135°

第10章 平面図形

# 錯角とは

2つの直線をひき、それらの直線に交わる
1つの直線をひきます。
このとき∠aと∠bのような関係に
ある角を**錯角**といいます。
「**2直線が平行ならば錯角は等しい**」
という性質があります。

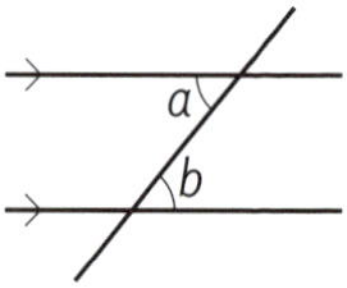

錯角には、次の4つのタイプがあります（筆者オリジナルの分け方です）。

❶ Z形の錯角　❷ 逆Z形の錯角　❸ ぺしゃんこZ形の錯角　❹ ぺしゃんこ逆Z形の錯角

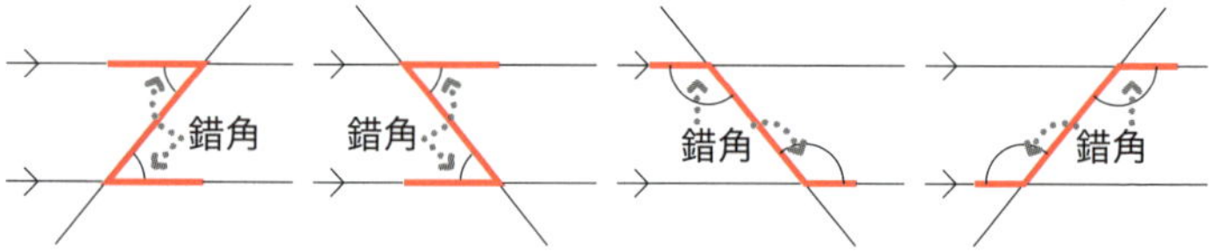

**2直線が平行ならば、錯角は等しくなります。**❸と❹のようなぺしゃんこ形も錯角になるので注意しましょう。

### 例 1

右の図で、錯角の関係にある
角の組をすべて答えなさい。

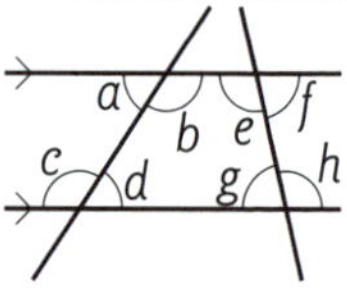

∠aと∠dはZ形の錯角です。
∠bと∠cはぺしゃんこ逆Z形の錯角です。
∠fと∠gは逆Z形の錯角です。
∠eと∠hはぺしゃんこZ形の錯角です。

　　　答え　∠aと∠d、∠bと∠c、∠fと∠g、∠eと∠h

**練習 1** 次の図で、∠a、∠bの大きさを求めなさい。

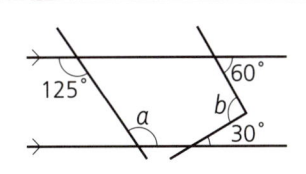

**解説と解答**

125°の角と∠aはぺしゃんこZ形の錯角で、**2直線が平行ならば、錯角は等しい**ので∠a = 125°

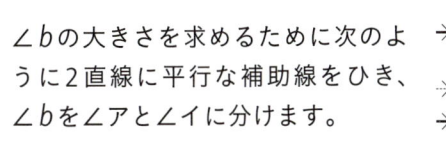

∠bの大きさを求めるために次のように2直線に平行な補助線をひき、∠bを∠アと∠イに分けます。

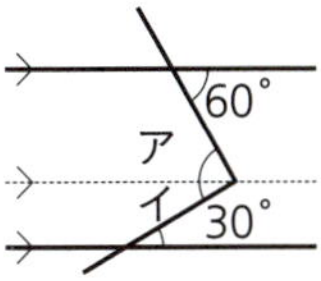

そうすると、**60°の角と∠アは錯角**となり、**2直線が平行ならば、錯角は等しい**ので∠ア = 60°

また、**30°の角と∠イは錯角**となり、**2直線が平行ならば、錯角は等しい**ので∠イ = 30°

∠b = ∠ア + ∠イ = 60° + 30° = 90°

答え　∠a = 125°、∠b = 90°

# 内角の和と外角の和

第10章 平面図形

内角の和とは図形の内側の角度をたすと何度になるかということです。三角形の内角の和は180°で、四角形の内角の和は360°です。五角形や十角形などの内角を求めるためには次の公式を使います。

**N角形の内角の和＝180°×(N－2)**

この公式を使えば何角形の内角の和でも求めることができます。

### 例 1

六角形の内角の和を求めなさい。

N角形の内角の和＝180°×(N－2)をもとに考えると六角形の内角の和は

180°×(6－2)＝<u>720°</u>

### 練習 1

内角の和が1440°であるのは何角形ですか。

**解説答え**

N角形の内角の和＝180°×(N－2)をもとに考えると

180°×(N－2)＝1440°

両辺を180で割ると

N－2＝8

N＝<u>10</u>

答え　<u>十角形</u>

外角とは次のように図形の辺を延長させた直線と辺の間にできる角のことをいいます。多角形（三角形、四角形、五角形…などをまとめたもの）の外角の和は360°になるという性質があります。

たとえば、五角形の外角を書くときに、右の2つの図のように右回りと左回りのイメージの2通りの表し方があります。
∠ア＋∠イ＋∠ウ＋∠エ＋∠オ＝360°となり、
∠カ＋∠キ＋∠ク＋∠ケ＋∠コ＝360°となる性質があります。

何角形でも外角の和が360°となるという性質があるので覚えておきましょう。

| 練習 | 2 | 次の図で、∠aの大きさを求めなさい。 |
|---|---|---|

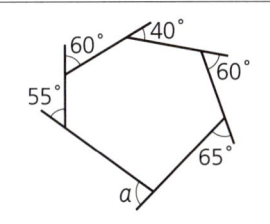

| 解説 | 多角形の外角の和は360°であるので、360°から∠a以外の5つの外角の和をひけば∠aの大きさが求まります。 |
|---|---|
| 答え | $\angle a = 360° - (60° + 55° + 65° + 60° + 40°)$<br>$= 360° - 280°$<br>$= \underline{80°}$　　　　　答え　80° |

第10章 平面図形

# 三角形の3つの合同条件

2つ以上の図形が、形も大きさも同じで、ぴったりと重ね合わせることができるとき、それらの図形は**合同**である、といいます。
三角形が合同になるためには3つの条件があります。

### 三角形の3つの合同条件
（2つの三角形は次のうち、どれかが成り立つときに合同です。）

❶ 3辺がそれぞれ等しい

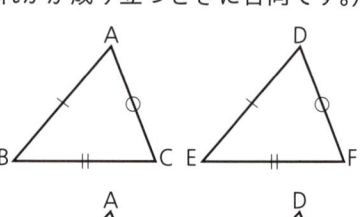

❷ 2辺とその間の角がそれぞれ等しい

2辺の間の角

❸ 1辺とその両端の角がそれぞれ等しい

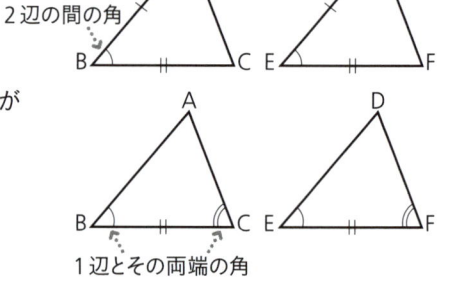

1辺とその両端の角

三角形ABC を△ABCと表します。
また、△ABCと△DEFが合同であるとき、記号≡を使って
**△ABC ≡ △DEF**
と表します。

※＝（等号）では合同であることは表せません。＝を使って、
△ABC ＝△DEFと表すと面積が等しいことを表します。

PART2●中学校3年分の数学に挑戦！

|練習|1|

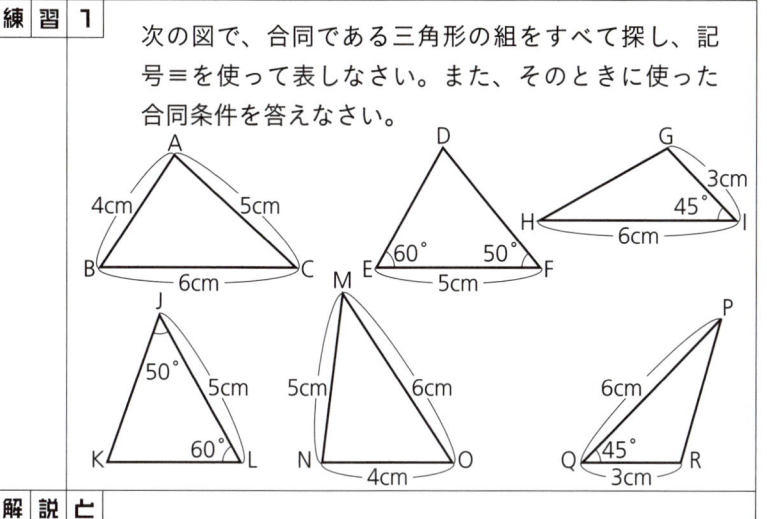

次の図で、合同である三角形の組をすべて探し、記号≡を使って表しなさい。また、そのときに使った合同条件を答えなさい。

|解説と答え|

△ABC≡△NOMです。

なぜならAB＝NO、BC＝OM、AC＝NMであり、**3辺がそれぞれ等しい**からです。

△DEF≡△KLJです。

なぜなら、EF＝LJ、∠DEF＝∠KLJ、∠DFE＝∠KJLであり、**1辺とその両端の角がそれぞれ等しい**からです。

△GHI≡△RPQです。

なぜなら、HI＝PQ、GI＝RQ、∠GIH＝∠RQPであり、**2辺とその間の角がそれぞれ等しい**からです。

答え

△ABC≡△NOM（3辺がそれぞれ等しい）

△DEF≡△KLJ（1辺とその両端の角がそれぞれ等しい）

△GHI≡△RPQ（2辺とその間の角がそれぞれ等しい）

# 三角形の合同を証明する問題(1)

三角形の合同を証明する問題はよく出題されます。
三角形の合同の証明の進め方について
解説していきます。

## 例 1

右の図でAB＝AD、BC＝DCのとき、
△ABC≡△ADCであることを
証明しなさい。

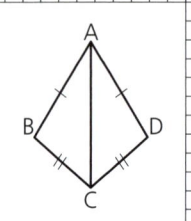

**ポイント** あらかじめ問題文で条件として与えられていることを
**仮定**といいます。例1の問題では、AB＝AD、BC＝DCである
ことが与えられているので
**AB＝AD、BC＝DCが仮定**です。

そして、問題で明らかにしたいことを**結論**といいます。例1の
問題では、△ABC≡△ADCであることを明らかにしたいので、
**△ABC≡△ADCが結論**です。

仮定をもとに、すじ道をたてて結論を明らかにすることを**証明**
といいます。

三角形の合同を証明するとき、**三角形の3つの合同条件のうち
のどれかを使って証明することが多いので、どの合同条件を使**

えば証明できるか考えながら証明を進めていく必要があります。

(証明)
△ABC と △ADC において　　◁…**はじめにどの三角形の合同を証明するかはっきりさせる**

仮定より　　　　　　　　　　◁…**仮定からわかることを書く**
AB = AD　…①
BC = DC　…②

共通だから　AC = AC　…③ ◁…**辺 AC は △ABC と △ADC に共通の辺であることを示す(同じ辺だから当然、長さは同じ)**

①②③より
3辺がそれぞれ等しいので　　◁…**三角形の合同条件を書く**

△ABC ≡ △ADC　　　　　　　◁…**結論を書いて証明終了**

解き方がわかったら、解説をかくして 例1 を自力で解いてみましょう。

# 三角形の合同を証明する問題(2)

形も大きさも同じでぴったりと重ね合わせることが
できるとき、それらの図形は**合同**です。
合同な図形で、ぴったり重なる辺を**対応する辺**といい、
ぴったり重なる角を**対応する角**といいます。

対応する辺(長さは等しい)
←‥‥合同な図形‥‥→
対応する角(大きさは等しい)

次の大事な2つの性質は、証明に使われることが多いので
おさえておきましょう。
❶ **合同な図形では、対応する辺の長さはそれぞれ等しい。**
❷ **合同な図形では、対応する角の大きさはそれぞれ等しい。**

---

**例 1**

右の図でAC＝EC、
∠CAD＝∠CEBのとき、
AD＝EBであることを
証明しなさい。

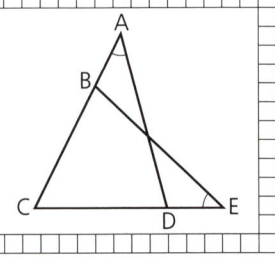

**ポイント** まず、△ACDと△ECBの合同を証明してから、
「合同な図形では、対応する辺の長さはそれぞれ等しい」
という性質を使って、AD＝EBを証明します。

（証明）
△ACDと△ECBにおいて　←…はじめにどの三角形の合同を証明するかはっきりさせる

仮定より　　　　　　　　←…仮定からわかることを書く
AC＝EC　…①
∠CAD＝∠CEB　…②
共通だから　∠ACD＝∠ECB　…③
　　　　　　　↑…∠ACDと∠ECBが同じ角であることを「共通」といいます

①②③より
1辺とその両端の角がそれぞれ等しいので
　　　　　　　　↑…三角形の合同条件を書く

△ACD≡△ECB
合同な図形の対応する辺の長さはそれぞれ等しいので
　　　　　　　　↑…合同を証明したあと、この性質で結論をみちびく

AD＝EB　　　　←…結論を書いて証明終了

解き方がわかったら、解説をかくして 例1 を自力で解いてみましょう。

# 直角三角形の2つの合同条件

**直角三角形**とは、1つの角が直角である次のような三角形です。
直角三角形が合同になるためには2つの条件があります。

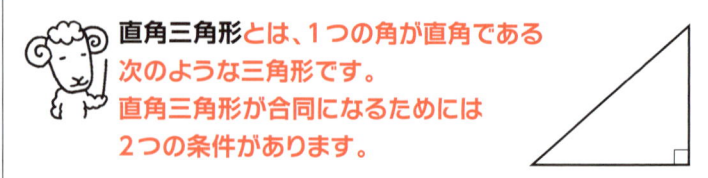

直角三角形で**直角の向かい側にある辺**を**斜辺**といいます。また、**0°より大きく90°より小さい角**を**鋭角**といいます。**直角三角形の直角以外の2つの角はどちらも鋭角**です。

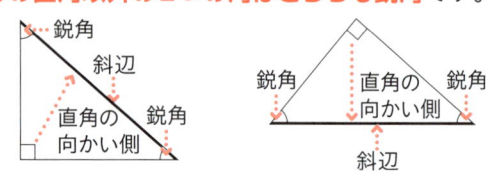

### 直角三角形の2つの合同条件

2つの直角三角形は次のうち、どちらかが成り立つときに合同です。

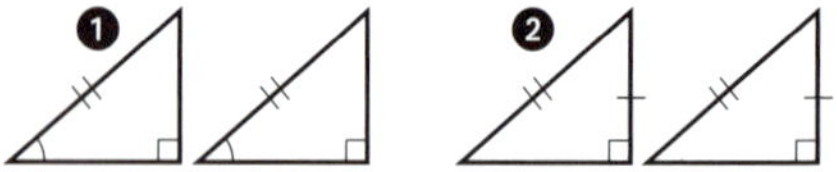

❶ **斜辺と1つの鋭角がそれぞれ等しい**
❷ **斜辺と他の1辺がそれぞれ等しい**

---

**練習 1** 次の図で、合同である三角形の組をすべて探しなさい。また、そのときに使った合同条件を答えなさい。

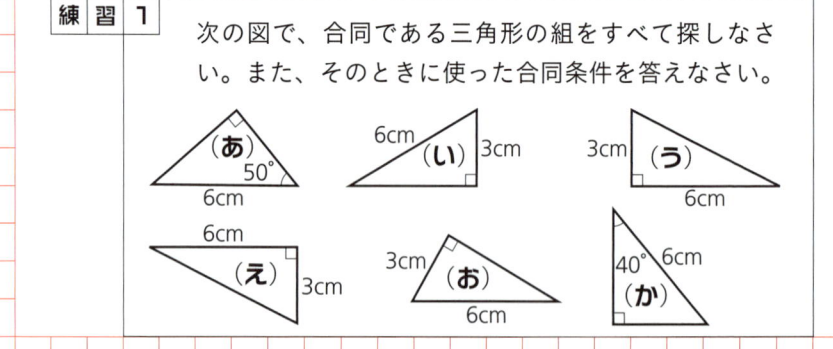

(あ) 50°, 6cm
(い) 6cm, 3cm
(う) 3cm, 6cm
(え) 6cm, 3cm
(お) 3cm, 6cm
(か) 40°, 6cm

| 解説と答え |

**(あ)と(か)は合同**です。
(あ)の角度を全部書き出すと次のようになります。角度がわかっていなかったところも三角形の内角の和が180°であることから求めることができます。

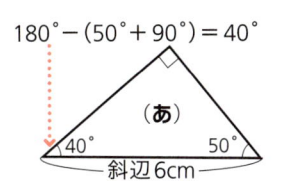

$$180° - (50° + 90°) = 40°$$

(あ)の三角形：40°、90°、50°、斜辺6cm

そうすると、**斜辺と1つの鋭角がそれぞれ等しい**ので(あ)と(か)は合同ということが分かります。

**(い)と(お)は合同**です。
**斜辺と他の1辺がそれぞれ等しい**からです。

**(う)と(え)は合同**です。
**2辺とその間の角がそれぞれ等しい**からです。**2辺とその間の角がそれぞれ等しい**というのは、三角形の合同条件ですが、直角三角形も三角形のひとつなので、三角形の合同条件を使うことができるのです。

答え
(あ)と(か)…斜辺と1つの鋭角がそれぞれ等しい
(い)と(お)…斜辺と他の1辺がそれぞれ等しい
(う)と(え)…2辺とその間の角がそれぞれ等しい

第10章 平面図形

# 円周角の定理

円の中に書いた右のような角度を**円周角**といいます。
円周角の性質について見ていきます。

右のように、円周の一部を弧といいます。

次の図のように、弧ABをのぞいた円周上に点Pをとるとき、∠APBを弧ABに対する**円周角**といいます。

また、円の中心Oと点A、点Bを結んでできる∠AOBを弧ABに対する**中心角**といいます。

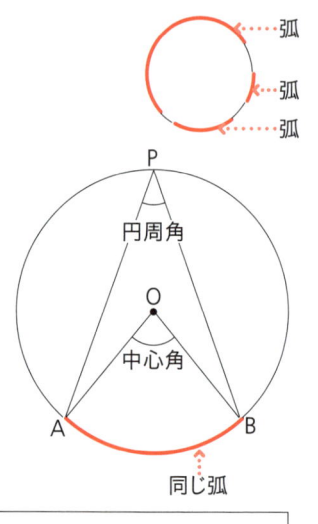

## 円周角の定理　その1
**同じ弧に対する円周角の大きさは中心角の大きさの半分である**

**同じ弧に対する円周角の大きさは中心角の大きさの半分である**ので、例えば、中心角が120°ならば円周角はその半分の60°です。

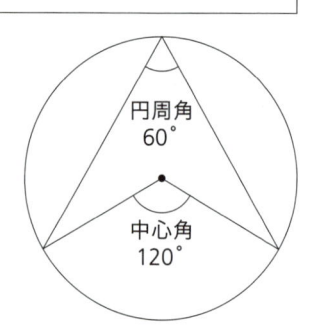

196

### 円周角の定理　その2
**同じ弧に対する円周角の大きさは等しい**

つまり、右の図のように、同じ弧に対する円周角をたくさん書いても、どれも円周角の大きさは等しくなる、ということです。

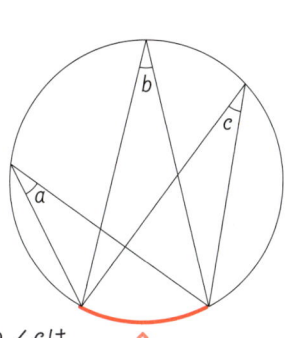

∠a ∠b ∠cはすべて等しい　同じ弧

|練習|1|
|---|---|

次の2つの円で∠a〜∠cの大きさを求めなさい。

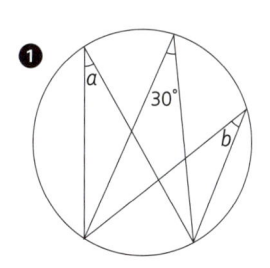

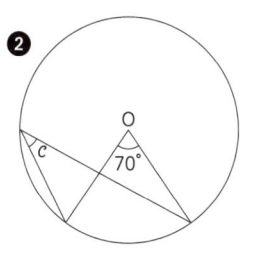

❶ 30°

❷ 70°

|解説|と|
|---|---|
|解答||

❶ **同じ弧に対する円周角の大きさは等しい**ので、
　∠a = <u>30°</u>、∠b = <u>30°</u>

❷ **同じ弧に対する円周角の大きさは中心角の大きさの半分である**ので、
　∠c = 70° ÷ 2 = <u>35°</u>

## 第10章 平面図形

## 三平方の定理

直角三角形の直角をはさむ2辺の長さを $a$ と $b$ として、斜辺の長さを $c$ とします。このとき、

$$a^2 + b^2 = c^2$$

が成り立ちます。これを**三平方の定理**といいます。

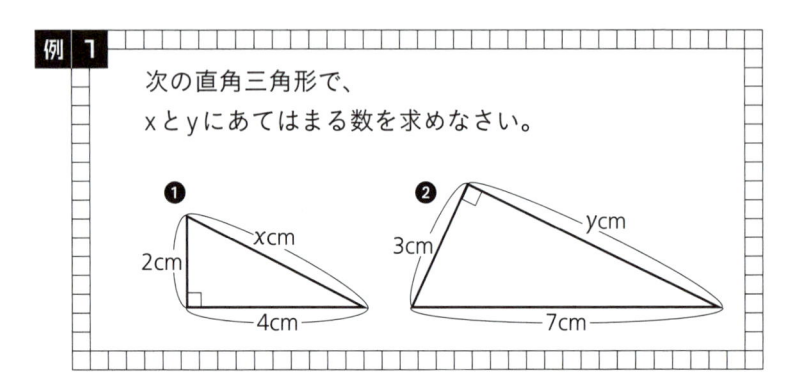

### 例 1

次の直角三角形で、xとyにあてはまる数を求めなさい。

❶ 2cm, 4cm, xcm（斜辺）

❷ 3cm, 7cm, ycm（斜辺）

❶ xcmの辺が斜辺であるので、三平方の定理より

$$2^2 + 4^2 = x^2$$
$$x^2 = 20$$
$$x = \pm 2\sqrt{5}$$

xは辺の長さで正なので

$$x = \underline{2\sqrt{5}}$$

❷ 7cmの辺が斜辺であるので、三平方の定理より

$$3^2 + y^2 = 7^2$$
$$y^2 = 7^2 - 3^2 = 49 - 9 = 40$$
$$y = \pm 2\sqrt{10}$$

yは辺の長さで正なので

$$y = \underline{2\sqrt{10}}$$

PART2●中学校3年分の数学に挑戦！

| 練習 | 1 |
|---|---|

次の直角三角形で、$x$と$y$にあてはまる数を求めなさい。

❶ (図: 2cm, xcm, 1cm, 30°, 60°)

❷ (図: ycm, 1cm, 1cm, 45°, 45°)

| 解説 | |
|---|---|
| 解答 | |

❶ 2cmの辺が斜辺であるので、三平方の定理より
$$1^2 + x^2 = 2^2$$
$$x^2 = 2^2 - 1^2 = 4 - 1 = 3$$
$$x = \pm\sqrt{3}$$
$x$は辺の長さで正なので
$$x = \underline{\sqrt{3}}$$

❷ ycmの辺が斜辺であるので、三平方の定理より
$$1^2 + 1^2 = y^2$$
$$y^2 = 1 + 1 = 2$$
$$y = \pm\sqrt{2}$$
$y$は辺の長さで正なので
$$y = \underline{\sqrt{2}}$$

※❶と❷の三角形はともに三角定規と同じ形です。三角定規は❶のように**3つの角が30°、60°、90°の直角三角形**と❷のように3つの角が**45°、45°、90°の直角二等辺三角形**の2種類です。

❶の三角定規は辺の比が **$1 : 2 : \sqrt{3}$**
❷の三角定規は辺の比が **$\sqrt{2} : 1 : 1$**
となります。覚えておきましょう。

(図: 30°, 60°, $a$, $b$, $c$)
$a : b : c = 1 : 2 : \sqrt{3}$

(図: 45°, 45°, $a$, $b$, $c$)
$a : b : c = \sqrt{2} : 1 : 1$

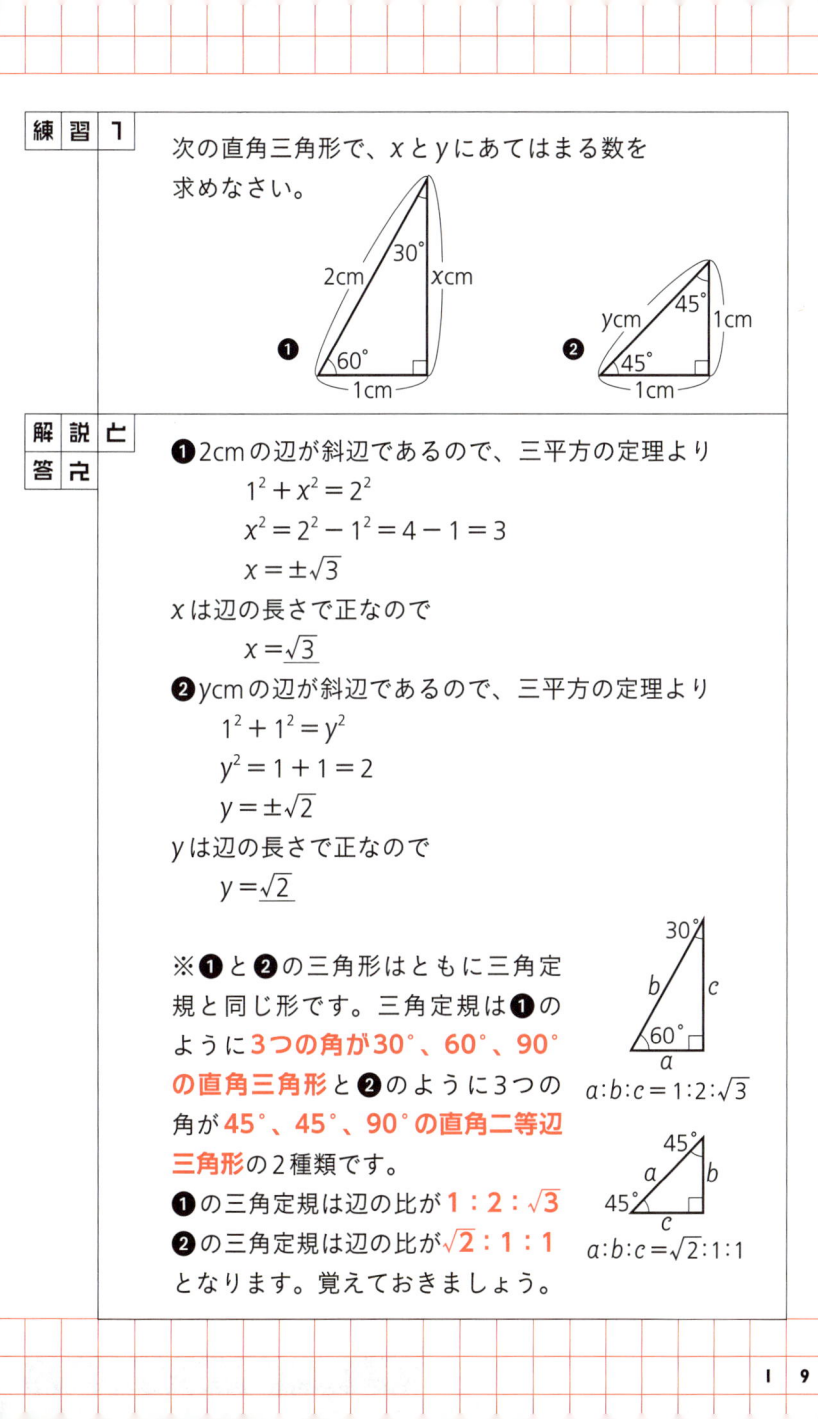

# 相似な図形と相似比

> 1つの図形とそれを拡大または縮小した図形の関係を**相似**といいます。

たとえば、下の図のように3辺が2cm、3cm、4cmの△ABCがあるとします。△ABCのそれぞれの辺を2倍にして△DEFにすると次のようになります。

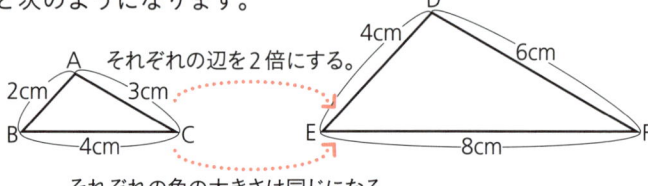

それぞれの辺を2倍にする。
それぞれの角の大きさは同じになる。

このとき、△ABCと△DEFは**相似**である、といいます。相似である図形は記号∽を使って

　　　△ABC∽△DEF

と表すことができます。

たとえば、△ABCの辺ABにあたるのは、△DEFでいうと辺DEです。

辺ABと辺DEのような関係を**対応**といいます。

辺AB：辺DE＝2：4＝1：2ですが、

対応する辺の比は、どこも**1：2**となっています。

相似な図形で対応する辺の比を**相似比**といいます。△ABCと△DEFの相似比は**1：2**です。

---

相似な図形では次の2つの性質が成り立ちます。
**❶ 相似な図形では、**
**対応するの辺の長さの比（相似比）はすべて等しい。**
**❷ 相似な図形では、**
**対応する角の大きさはすべて等しい。**

**練習 1** 次の問いに答えなさい。

❶ 次の図で、四角形ABCD∽四角形EFGHであるとき、四角形ABCDと四角形EFGHの相似比を求めなさい。

❷ 次の図で、△ABC∽△DEFであるとき、$x$にあてはまる数を求めなさい。

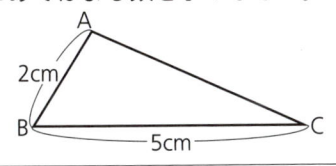

---

**解説 と 解答**

❶ 対応する辺ABと辺EFの辺の比は
　　AB：EF＝6：8＝3：4
なので、四角形ABCDと四角形EFGHの相似比は
<u>3：4</u>

❷ 対応する辺BCと辺EFの辺の比は
　　BC：EF＝5：3
なので、△ABCと△DEFの相似比は5：3

**相似な図形では、対応する辺の長さの比（相似比）はすべて等しいので**
　　　　　　　　　　　2 ： $x$ ＝ 5：3
　　　　　　　　　ABの長さ　DEの長さ　相似比
　　　　　　　　　　　　　対応

**比の内項の積と外項の積は等しいので**
$5 × x = 2 × 3$
$5x = 6$
$x = \underline{1.2}$

# 三角形の3つの相似条件

三角形が相似になるためには3つの条件があります。

### 三角形の3つの相似条件

2つの三角形は次のうち、どれかが成り立つときに相似です。

**❶ 3組の辺の比がすべて等しい**
$a : d = b : e = c : f$

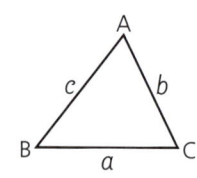

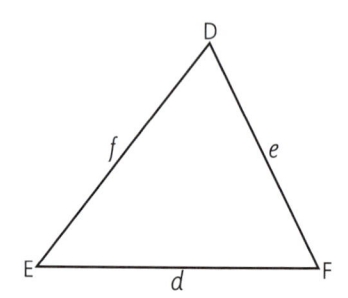

**❷ 2組の辺の比とその間の角がそれぞれ等しい**
$a : d = c : f$ と ∠B＝∠E

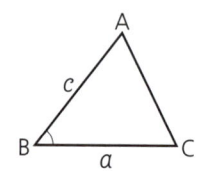

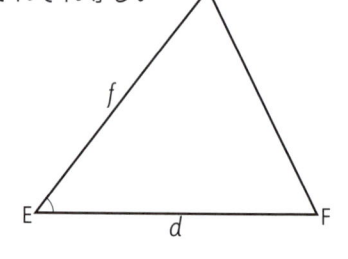

**❸ 2組の角がそれぞれ等しい**
∠B＝∠E と ∠C＝∠F

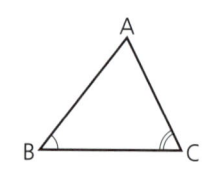

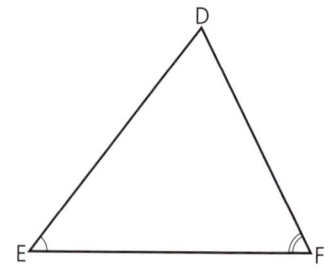

**練習 1**

次の図で、相似である三角形の組をすべて探しなさい。また、そのときに使った相似条件を答えなさい。

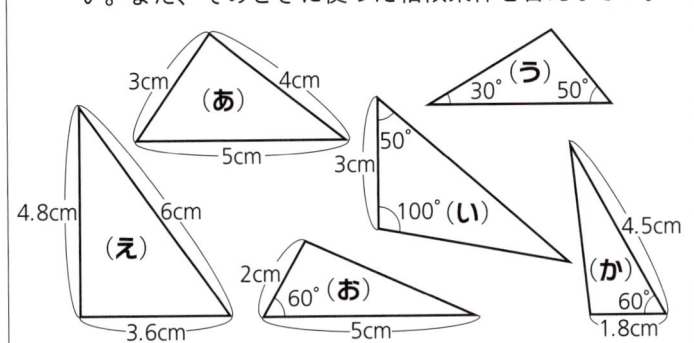

**解説と答え**

**(あ)と(え)は相似です。**
なぜなら、次のように、**3組の辺の比がすべて等しい**からです。
　　3：3.6＝4：4.8＝5：6
**(い)と(う)は相似です。**
なぜなら、どちらも内角が30°、50°、100°の三角形であり、**2組の角がそれぞれ等しい**からです。
**(お)と(か)は相似です。**
なぜなら、次のように、**2組の辺の比とその間の角がそれぞれ等しい**からです。
　　2：1.8＝5：4.5＝10：9
間の角は60°です。

答え
(あ)と(え)…3組の辺の比がすべて等しい
(い)と(う)…2組の角がそれぞれ等しい
(お)と(か)…2組の辺の比とその間の角がそれぞれ
　　　　　　等しい

# 角柱と円柱の表面積

第11章 空間図形

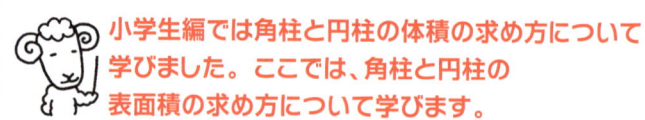

小学生編では角柱と円柱の体積の求め方について学びました。ここでは、角柱と円柱の表面積の求め方について学びます。

立体のすべての面の面積をたしたものを**表面積**といいます。

また、**ひとつの底面の面積**を**底面積**といい、**側面全体の面積**を**側面積**といいます。

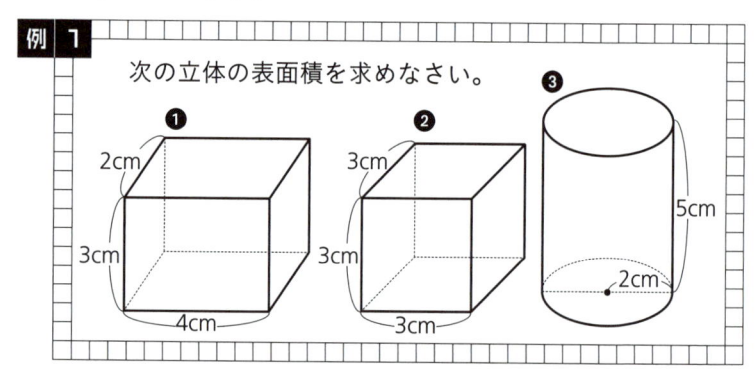

### 例1

次の立体の表面積を求めなさい。

❶ 直方体（2cm × 3cm × 4cm）
❷ 直方体（3cm × 3cm × 3cm）
❸ 円柱（半径2cm、高さ5cm）

❶の立体は直方体です。直方体は6面でできています。**直方体は3種類の長方形が2枚ずつある場合が多い**です。この直方体も右のようにA、B、C3種類の長方形2枚ずつでできています。

$3 \times 4 = 12$　…Aの長方形の面積
$2 \times 4 = 8$　…Bの長方形の面積
$2 \times 3 = 6$　…Cの長方形の面積
$(12 + 8 + 6) \times 2 = 52$　←A、B、Cそれぞれ2枚ずつあるので2倍する

答え　52cm$^2$

❷の立体は立方体です。立方体は形も大きさも同じ正方形6枚でできています。ですから、正方形の1枚の面積を6倍すれば表面積が求まります。

　　$3 × 3 × 6 = 54$　　　　　　　　　　答え　54cm²

❸の立体は円柱です。❸の円柱の展開図（はさみなどで立体の表面を切り開いて平面に広げた図）は右のようになります。

図のように、円柱の展開図は**1枚の長方形（側面）と2枚の円（底面）からできている**ことがわかります。

2つの円の面積は半径がわかっているので、かんたんに求めることができます。

　　$2 × 2 × π × 2 = 8π$　…2つの円の面積の合計

次に、側面の長方形の面積を求めましょう。側面の長方形をぐるっと巻いて、底面の円にぴたっとくっつけると円柱ができるので、**側面の長方形の横の長さ（図のAD）と、底面の円の円周が同じ長さである**ことがわかります。

つまり、側面の長方形の横の長さは

　　$2 × 2 × π = 4π$

側面の長方形の面積は

　　$4π × 5 = 20π$

底面積（底面の面積）2つ分と側面積（側面の面積）をたして

　　$8π + 20π = 28π$　　　　　　　　　答え　28π cm²

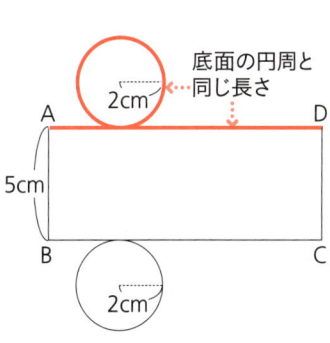

# 角すいと円すいの体積

角すいや円すいとは次のように先のとがった（とんがりぼうしのような形の）立体です。

四角すい　　三角すい　　円すい

これらの角すいや円すいの体積は次の公式で求めることができます。

～すいの体積＝底面積×高さ×$\frac{1}{3}$

たとえば、次の四角すいの体積（底面は1辺3cmの正方形、高さは5cm）を求めてみましょう。

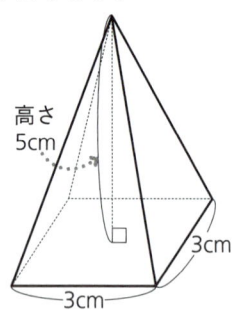

底面は1辺3cmの正方形ですから、底面積は
　　$3 \times 3 = 9 \,(\text{cm}^2)$

～すいの体積＝底面積×高さ×$\frac{1}{3}$で求まりますから

　　$9 \times 5 \times \frac{1}{3} = 15$

体積は15cm³と求まります。

| 練習 | 1 | 次の立体の体積を求めなさい。 |

❶ 高さ 5cm / 3cm / 4cm

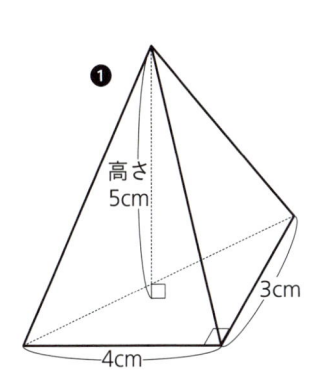

❷ 7cm / 3cm

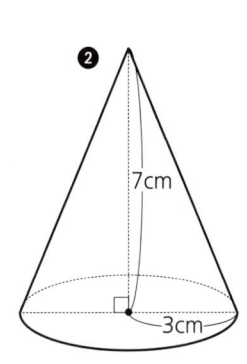

| 解答 | 説亢 |

❶の立体は三角すいです。底面の面積は
$$3 \times 4 \div 2 = 6 \,(cm^2)$$

**〜すいの体積＝底面積×高さ×$\frac{1}{3}$** で求まりますから
$$6 \times 5 \times \frac{1}{3} = 10$$
体積は <u>10cm³</u> と求まります。

❷の立体は円すいです。底面の面積は
$$3 \times 3 \times \pi = 9\pi \,(cm^2)$$

**〜すいの体積＝底面積×高さ×$\frac{1}{3}$** で求まりますから
$$9\pi \times 7 \times \frac{1}{3} = 21\pi$$
体積は <u>21π cm³</u> と求まります。

# 角すいと円すいの表面積

角すいと円すいの表面積の求め方について みていきます。

## ■角すいの表面積の求め方

角すいの表面積は、角柱の表面積と同じように、それぞれの面の面積をたして求めることができます（練習問題で練習しましょう）。

## ■円すいの表面積の求め方

たとえば、右の円すいの表面積を求めてみましょう。

底面の半径は5cmです。図の15cmの部分を
母線（ぼせん）といいます。
この円すいの展開図は次のようになります。

図からわかる通り、円すいの展開図は、
**おうぎ形（側面）と円（底面）から
できています。**
そして、円すいの側面積
（側面のおうぎ形の面積）は
次のように求めることができます
（表面積ではなく、側面積の求め方です）。

---

（円すいの側面積の求め方は**ハハハンパイ**と覚えましょう）

円すいの側面積＝母線 × 半径 × $\pi$
　　　　　　　　ハハ　　ハン　　パイ

この公式から、円すいの側面積は
$$15 \times 5 \times \pi = 75\pi \ (\text{cm}^2)$$
　　母線　半径

**この側面積に底面の円の面積をたせば表面積は求まりますから**

$$75\pi + 5 \times 5 \times \pi = \underline{100\pi \ \text{cm}^2}$$
　側面積　　　底面積

---

**練習 7**　次の立体の表面積を求めなさい。

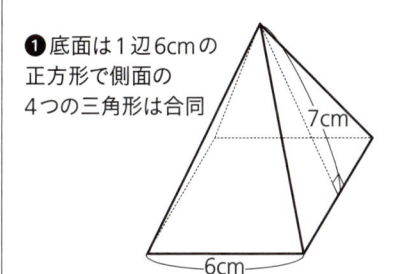

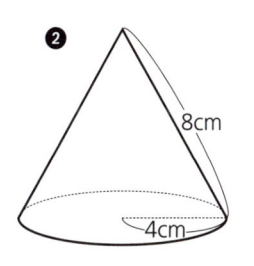

❶ 底面は1辺6cmの正方形で側面の4つの三角形は合同（7cm、6cm）

❷ （8cm、4cm）

---

**解説 答**

❶の立体は四角すいです。この四角すいは底面が1辺6cmの正方形で、側面が4枚の合同の三角形（底辺は6cm、高さは7cm）からできています。

$$6 \times 6 + 6 \times 7 \div 2 \times 4 = 36 + 84 = 120$$
底面積　　側面1枚　　4枚
（正方形）（三角形）

答え　120cm²

❷の立体は円すいです。円すいの底面積は
$$4 \times 4 \times \pi = 16\pi$$

円すいの側面積＝**母線×半径×π**ですから
$$8 \times 4 \times \pi = 32\pi$$

**円すいの表面積＝底面積＋側面積**なので
$$16\pi + 32\pi = 48\pi$$

答え　48π cm²

# 球の体積と表面積

球の体積と表面積の求め方について学んでいきます。

### 例 1

次の立体の体積と表面積を求めなさい。

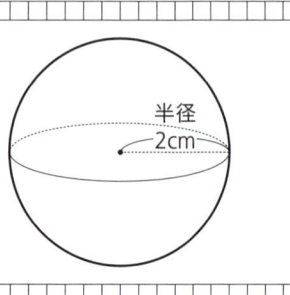

半径 2cm

まず、球の体積を求めます。

> 半径を $r$ とすると、球の体積は次の公式で求めることができます。
>
> $$球の体積 = \frac{4}{3}\pi r^3$$
>
> 覚え方は「身の上に心 配 ある 参上」
> 　　　　　　　3　　　4 π　r　3乗

この公式から、例1 の球の体積は

$$\frac{4}{3} \times \pi \times 2^3 = \underline{\frac{32}{3}\pi \text{ cm}^3}$$

> 半径を $r$ とすると、球の表面積は次の公式で求めることができます。
>
> $$球の表面積 = 4\pi r^2$$
>
> 覚え方は「心 配 ある 事情」
> 　　　　　 4 π　r　2乗

この公式から、例1の球の表面積は
$4 \times \pi \times 2^2 = \underline{16\pi} \text{ cm}^2$

| 練習 | 1 |
|---|---|

次の立体の体積と表面積を求めなさい。

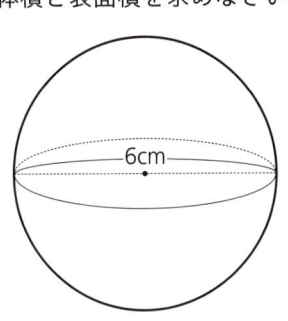

6cm

| 解説 | と |
|---|---|
| 解答 | 答 |

**図の6cmは直径であることに注意します。球の体積は半径を使って求めます。** 半径は3cm（6÷2）です。

まず、球の体積を求めます。

半径を$r$とすると、**球の体積＝$\dfrac{4}{3}\pi r^3$** で求めることができますから
球の体積は
$$\dfrac{4}{3} \times \pi \times 3^3 = \underline{36\pi}$$

半径を$r$とすると、**球の表面積＝$4\pi r^2$** で求めることができますから球の表面積は
$4 \times \pi \times 3^2 = \underline{36\pi}$

答え　体積　$36\pi \text{ cm}^3$、表面積　$36\pi \text{ cm}^2$

## 第12章 確率

# 確率とは

たとえば、サイコロをふって1の目が出る確率は$\frac{1}{6}$です。この場合、すべての場合の数は6通りで、あることがら（1の目が出る）が起こる場合の数が1通りです。このように、

$$\frac{あることがらが起こる場合の数}{すべての場合の数}$$

をそのことがらが起こる確率といいます。

---

**例 1**

2枚の10円硬貨を投げます。このとき、次の問いに答えなさい。
❶ 1枚が表で、1枚が裏である確率を求めなさい。
❷ 2枚とも裏である確率を求めなさい。

---

❶ すべての場合の数は（表、表）、（表、裏）、（裏、表）、（裏、裏）の4通りです。
この中で、1枚が表で、1枚が裏であるのは（表、裏）、（裏、表）の2通りです。

確率＝$\dfrac{あることがらが起こる場合の数}{すべての場合の数}$ですから

1枚が表で、1枚が裏である確率は$\dfrac{2}{4}=\dfrac{1}{2}$です。　　答え　$\dfrac{1}{2}$

❷ すべての場合の数は（表、表）、（表、裏）、（裏、表）、（裏、裏）の4通りです。
この中で、2枚とも裏であるのは（裏、裏）の1通りです。

確率＝$\dfrac{あることがらが起こる場合の数}{すべての場合の数}$ですから

2枚とも裏である確率は$\frac{1}{4}$です。　　　　　　　答え　$\frac{1}{4}$

|練習|7|
|---|---|

3枚の100円硬貨を投げます。このとき次の問いに答えなさい。
❶ 2枚が表で、1枚が裏である確率を求めなさい。
❷ 少なくとも1枚は表である確率を求めなさい。

|解説|と|
|---|---|
|答|え|

❶ すべての場合の数は
(表、表、表)、(表、表、裏)、(表、裏、表)、(表、裏、裏)、(裏、表、表)、(裏、表、裏)、(裏、裏、表)、(裏、裏、裏)の8通りです。
この中で、2枚が表で、1枚が裏であるのは
(表、表、裏)、(表、裏、表)、(裏、表、表)の3通りです。

**確率＝$\frac{\text{あることがらが起こる場合の数}}{\text{すべての場合の数}}$** ですから

2枚が表で、1枚が裏である確率は$\frac{3}{8}$です。　答え　$\frac{3}{8}$

❷ すべての場合の数は8通りです。
この中で、少なくとも1枚は表であるのは
(表、表、表)、(表、表、裏)、(表、裏、表)、(表、裏、裏)、(裏、表、表)、(裏、表、裏)、(裏、裏、表)の7通りです。

**確率＝$\frac{\text{あることがらが起こる場合の数}}{\text{すべての場合の数}}$** ですから

少なくとも1枚は表である確率は$\frac{7}{8}$です。　答え　$\frac{7}{8}$

# 2つのサイコロを投げる

確率の問題で、2つのサイコロを投げる問題がよく出題されます。それらの問題について解き方を学びましょう。

### 例 1

大小2つのサイコロを投げます。このとき、出た目の和が7になる確率を求めなさい。

たとえば、大きいサイコロの目が5、小さいサイコロの目が2のとき、(5、2)と表すと、すべての場合の数は次のようになります。

| 大＼小 | 1 | 2 | 3 | 4 | 5 | 6 |
|---|---|---|---|---|---|---|
| 1 | (1、1) | (1、2) | (1、3) | (1、4) | (1、5) | (1、6) |
| 2 | (2、1) | (2、2) | (2、3) | (2、4) | (2、5) | (2、6) |
| 3 | (3、1) | (3、2) | (3、3) | (3、4) | (3、5) | (3、6) |
| 4 | (4、1) | (4、2) | (4、3) | (4、4) | (4、5) | (4、6) |
| 5 | (5、1) | (5、2) | (5、3) | (5、4) | (5、5) | (5、6) |
| 6 | (6、1) | (6、2) | (6、3) | (6、4) | (6、5) | (6、6) |

つまり、**すべての場合の数は6×6＝36通り**です。
このとき、出た目の和が7になるのは、
(1、6)、(2、5)、(3、4)、(4、3)、(5、2)、(6、1)
の6通りです。

| 大＼小 | 1 | 2 | 3 | 4 | 5 | 6 |
|---|---|---|---|---|---|---|
| 1 | (1、1) | (1、2) | (1、3) | (1、4) | (1、5) | **(1、6)** |
| 2 | (2、1) | (2、2) | (2、3) | (2、4) | **(2、5)** | (2、6) |
| 3 | (3、1) | (3、2) | (3、3) | **(3、4)** | (3、5) | (3、6) |
| 4 | (4、1) | (4、2) | **(4、3)** | (4、4) | (4、5) | (4、6) |
| 5 | (5、1) | **(5、2)** | (5、3) | (5、4) | (5、5) | (5、6) |
| 6 | **(6、1)** | (6、2) | (6、3) | (6、4) | (6、5) | (6、6) |

↑赤の6通りは出た目の和が7

**確率＝ あることがらが起こる場合の数 / すべての場合の数** ですから

出た目の和が7になる確率は $\frac{6}{36} = \frac{1}{6}$ です。

答え　$\frac{1}{6}$

---

**練習 1**　大小2つのサイコロを投げます。このとき、出た目の和が8以上になる確率を求めなさい。

**解説と答え**

例1で見たとおり、すべての場合の数は **6×6＝36通り** です。

このとき、出た目の和が8以上になるのは、
(2、6)、(3、5)、(4、4)、(5、3)、(6、2)
(3、6)、(4、5)、(5、4)、(6、3)
(4、6)、(5、5)、(6、4)
(5、6)、(6、5)
(6、6)
の15通りです。

| 大＼小 | 1 | 2 | 3 | 4 | 5 | 6 |
|---|---|---|---|---|---|---|
| 1 | (1、1) | (1、2) | (1、3) | (1、4) | (1、5) | (1、6) |
| 2 | (2、1) | (2、2) | (2、3) | (2、4) | (2、5) | (2、6) |
| 3 | (3、1) | (3、2) | (3、3) | (3、4) | (3、5) | (3、6) |
| 4 | (4、1) | (4、2) | (4、3) | (4、4) | (4、5) | (4、6) |
| 5 | (5、1) | (5、2) | (5、3) | (5、4) | (5、5) | (5、6) |
| 6 | (6、1) | (6、2) | (6、3) | (6、4) | (6、5) | (6、6) |

↑赤の15通りは出た目の和が8以上

**確率＝ あることがらが起こる場合の数 / すべての場合の数** ですから

出た目の和が8以上になる確率は $\frac{15}{36} = \frac{5}{12}$ です。

答え　$\frac{5}{12}$

［著者］
**小杉拓也**（こすぎ・たくや）
和歌山県生まれ。東京大学経済学部卒業。中学受験塾SAPIXグループの個別指導塾勤務後、プロ家庭教師として独立。常にキャンセル待ちの出る人気教師となる。その後、個別指導塾「志進ゼミナール」を埼玉で開業。指導教科は小学校と中学校の全科目。暗算法の開発や研究にも力を入れている。著書は、『ビジネスで差がつく計算力の鍛え方』（ダイヤモンド社）、『2ケタ×2ケタが楽しく解けるニコニコ暗算法』（自由国民社）、『中学受験算数・東大卒プロ家庭教師がやさしく教える「割合」キソのキソ』、『中学受験算数・計算の工夫と暗算術を究める』（エール出版）などがある。

進学塾「志進ゼミナール」（埼玉県志木市）　http://kosgi.net/
ブログ　http://prokateikyoushi.blog46.fc2.com/
メール　info@kosgi.net

---

### この1冊で一気におさらい！　小中学校9年分の算数・数学がわかる本

2012年 7 月26日　　第 1 刷発行
2015年10月28日　　第 8 刷発行

著　者――――小杉拓也
発行所――――ダイヤモンド社
　　　　　　〒150-8409　東京都渋谷区神宮前6-12-17
　　　　　　http://www.diamond.co.jp/
　　　　　　電話／03-5778-7232（編集）　03-5778-7240（販売）

装丁・本文デザイン――生沼伸子
イラスト―――――坂木浩子
製作進行―――――ダイヤモンド・グラフィック社
印刷――――――――堀内印刷所（本文）・慶昌堂印刷（カバー）
製本―――――――本間製本
編集担当―――――真田友美

---

ⓒ2012 Takuya Kosugi
ISBN 978-4-478-02144-6

落丁・乱丁本はお手数ですが小社営業局宛にお送りください。送料小社負担にてお取替えいたします。但し、古書店で購入されたものについてはお取替えできません。
無断転載・複製を禁ず
Printed in Japan